智能制造技术专业"十三五"规划教材
产 教 融 合 系 列 教 程
应用型人才终身学习计划

BOHHOM 博众机器人

EduBot 哈工海渡教育集团

JJZ 技皆知

# 智能移动机器人
# 技术应用初级教程
# （博众）

总主编 张明文
主　编 王璐欢　苏衍宇
副主编 黄建华　何定阳　孙士超

## "六六六"教学法

◆ 六个典型项目
◆ 六个鲜明主题
◆ 六个关键步骤

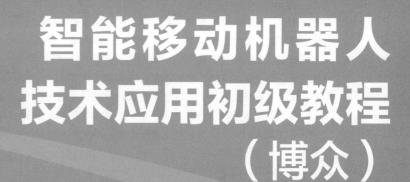

U0222337

e www.jijiezhi.com

教学视频+电子课件+技术交流

哈尔滨工业大学出版社
HITP HARBIN INSTITUTE OF TECHNOLOGY PRESS

# 内 容 简 介

本书基于博众移动机器人的研发与应用，从移动机器人应用过程中需掌握的技能出发，由浅入深、循序渐进地介绍移动机器人入门实用知识；从移动机器人技术基础切入，配以丰富的实物图片，系统介绍博众移动机器人的基本组成、基础运动、SLAM 导航技术、地图的创建与编辑和运动指令等实用内容；以"六个项目""六个主题""六个步骤"为核心，以"六六六教学法"为引导，讲解移动机器人的基本编程、调试、自动生产和行业应用场景。通过学习本书，读者可对移动机器人实际使用过程和产业应用有一个全面清晰的认识。

本书图文并茂，通俗易懂，具有很强的实用性和可操作性，既可作为高等院校和中高职院校移动机器人相关专业的教材，又可作为机器人培训机构用书，同时可供相关行业的技术人员参考。

**图书在版编目（CIP）数据**

智能移动机器人技术应用初级教程：博众 / 王璐欢，苏衍宇主编. —哈尔滨：哈尔滨工业大学出版社，2020.7

产教融合系列教程 / 张明文总主编

ISBN 978-7-5603-8951-6

Ⅰ．①智… Ⅱ．①王… ②苏… Ⅲ．①智能机器人—高等职业教育—教材 Ⅳ．①TP242.6

中国版本图书馆 CIP 数据核字（2020）第 135202 号

策划编辑　王桂芝　张　荣

责任编辑　佟雨繁

出版发行　哈尔滨工业大学出版社

社　　址　哈尔滨市南岗区复华四道街 10 号　邮编 150006

传　　真　0451-86414749

网　　址　http://hitpress.hit.edu.cn

印　　刷　哈尔滨博奇印刷有限公司

开　　本　787mm×1092mm　1/16　印张 14.5　字数 345 千字

版　　次　2020 年 7 月第 1 版　2020 年 7 月第 1 次印刷

书　　号　ISBN 978-7-5603-8951-6

定　　价　42.00 元

（如因印装质量问题影响阅读，我社负责调换）

# 编审委员会

# 前　　言

机器人是先进制造业的重要支撑装备，也是未来智能制造业的关键切入点，工业机器人作为机器人家族中的重要一员，是目前技术最成熟、应用最广泛的一类机器人。工业机器人的研发和产业化应用是衡量科技创新和高端制造发展水平的重要标志，发达国家已经把工业机器人产业发展作为抢占未来制造业市场、提升竞争力的重要途径。在汽车工业、电子电器行业、工程机械等众多行业大量使用工业机器人自动化生产线，在保证产品质量的同时，改善了工作环境，提高了社会生产效率，有力推动了企业和社会生产力发展。

当前，随着我国劳动力成本上涨，人口红利逐渐消失，生产方式向柔性、智能、精细转变，构建新型智能制造体系迫在眉睫，对工业机器人的需求呈现大幅增长。大力发展工业机器人产业，对于打造我国制造业新优势，推动工业转型升级，加快制造强国建设，改善人民生活水平具有深远意义。《中国制造2025》将机器人作为重点发展领域的总体部署，机器人产业已经上升到国家战略层面。

在全球范围内的制造产业战略转型期，我国工业机器人产业迎来爆发性的发展机遇。移动机器人行业在近些年展现出了磅礴的生命力，移动机器人综合了机械、电气、控制、软件等多方面专业知识，目前高校和企业对于移动机器人相关知识没有一个完整的教学体系，甚至市面上很难找到相配套的书籍。国务院《关于推行终身职业技能培训制度的意见》指出："职业教育要适应产业转型升级需要，着力加强高技能人才培养；全面提升职业技能培训基础能力，加强职业技能培训教学资源建设和基础平台建设。"针对这一现状，为了更好地推广移动机器人技术的应用，亟须编写一本系统全面的移动机器人入门实用教材。

本书基于博众移动机器人，从机器人应用过程中需掌握的技能出发，由浅入深、循序渐进地介绍移动机器人入门实用知识；从移动机器人技术基础切入，配以丰富的实物图片，系统介绍博众移动机器人的基本组成、基础运动、SLAM技术、地图的创建与编辑和运动指令等实用内容。本书包含了六个项目应用案例，每个案例包含了六个主题，分别为项目目的、项目分析、项目要点、项目步骤、项目总结。在项目步骤这个主题中，包含了六个步骤，分别为应用平台配置、系统环境配置、关联模块设计、主体程序设计、模块程序调试及项目总体运行。本书采用"六六六"教学法，基于"六个项目""六个主题""六个步骤"，讲解移动机器人的基本编程、调试、自动生产和行业应用场景，有助于激发学生的学习兴趣，提高教学效率，便于初学者在短时间内全面、系统地了解移动机器人操作的常识。

本书图文并茂，通俗易懂，实用性强，既可以作为普通高校及中高职院校机电一体化、电气自动化及机器人等相关专业的教学和实训教材，以及机器人培训机构培训教材，也可以作为博众移动机器人入门培训的初级教程，供从事相关行业的技术人员参考。

由于编者水平有限，书中难免存在疏漏及不妥之处，敬请读者批评指正。任何意见和建议可反馈至 E-mail:edubot_zhang@126.com。

编　者

2020 年 4 月

# 目　录

## 第一部分　基础理论

## 第二部分　项目应用

# 第一部分 基础理论

## 第1章 智能移动机器人概况

## 1.1 机器人产业概况

当前，新科技革命和产业变革正在兴起，全球制造业正处于巨大的变革之中，《中国制造 2025》《机器人产业发展规划（2016－2020 年）》《智能制造发展规划（2016－2020年）》等强国战略规划，引导着中国制造业向着智能制造的方向发展。《中国制造 2025》提出要大力推进重点领域快速

※ 智能移动机器人概况

发展，而机器人作为十大重点领域之一，其产业已经上升到国家战略层面。机器人是智能制造领域最具代表性的产品，"快速成长"和"进口替代"是现阶段我国机器人产业最重要的两个特征。我国正处于制造业升级的重要时间窗口，智能化改造需求空间巨大且增长迅速，机器人迎来重要发展机遇。

据国际机器人联合会（IFR）和中国机器人产业联盟（CRIA）统计，2018 年中国工业机器人市场累计销售工业机器人 15.6 万台，同比下降 1.73%，市场销量首次出现同比下降。其中，自主品牌机器人销售 4.36 万台，同比增长 16.2%；外资机器人销售 11.3 万台，同比下降 7.2%。截止到 2018 年 10 月底，全国机器人企业的总数为 8 399 家。

中国机器人密度的发展在全球也最具活力。由于机器人设备的大幅增加，特别是2013～2018 年，我国机器人密度从 2013 年的 25 台/万人增加至 2018 年的 140 台/万人，位居世界第 20 名，高于全球平均水平，如图 1.1 所示。

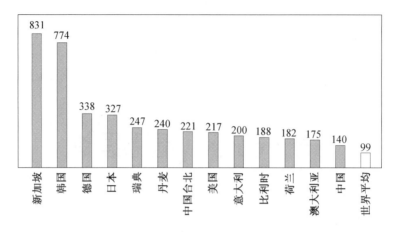

图 1.1　2018 年全球机器人密度（单位：台/万人）

（数据来源：国际机器人联合会 IFR）

据 CRIA 统计，从应用行业看，电气电子设备和器材制造连续第三年成为中国市场的首要应用行业，2018 年销售 4.6 万台，同比下降 6.6%，占中国市场总销量的 29.8%；汽车制造业仍然是十分重要的应用行业，2018 年新增 4 万余台机器人，销量同比下降 8.1%，在中国市场总销量的比重回落至 25.5%。此外，金属加工业（含机械设备制造业）机器人购置量同比下降 23.4%，而应用于食品制造业的机器人销量增长 33.1%。

从应用领域看，搬运和上下料依然是中国市场的首要应用领域，2018 年销售 6.4 万台，同比增长 1.55%，在总销量中的比重与 2017 年持平；其中自主品牌销量增长 5.7%。焊接与钎焊机器人销售接近 4 万台，同比增长 12.5%；其中自主品牌销量实现 20% 的增长。装配及拆卸机器人销售 2.3 万台，同比下降 17.2%。总体而言，搬运与焊接依然是工业机器人的主要应用领域，自主品牌机器人在搬运、焊接加工、装配、涂层等应用领域的市场占有率均有所提升。

从机械结构看，2018 年，多关节机器人在中国市场中的销量位居各类型机器人首位，全年销售 9.72 万台，同比增长 6.53%。其中自主品牌多关节机器人销售保持稳定的增长态势，销量连续第二年位居各机型之首，全年累计销售 1.88 万台，同比增长 18.1%；自主品牌多关节机器人市场占有率为 19.4%，较上一年提高了 1.9%。SCARA 机器人实现了 52% 的较高增速，实现销售 3.3 万台，其中自主品牌机器人销售增长 63.9%。坐标机器人销售总量不足 2 万台，同比下降 17%，其中自主品牌坐标机器人销售同比增长 4.7%。并联机器人在上年低基数的基础上实现增长。

国内机器人产业所表现出来的爆发性发展态势带来对工业机器人行业人才的大量需求，而行业人才严重的供需失衡又大大制约着国内机器人产业的发展，培养工业机器人行业人才迫在眉睫。而工业机器人行业的多品牌竞争局面，迫使学习者需要根据行业特点和市场需求，合理选择学习和使用工业机器人，从而提高自身职业技能和个人竞争力。

## 1.2　智能移动机器人发展概况

### 1.2.1　国外发展现状

国外对移动机器人技术的研究起步比较早，其研究从 20 世纪五六十年代开始，其发展经历了从低级到高级的过程。

世界上第一台移动机器人是由美国 Barrett 电子公司于 20 世纪 50 年代初开发成功的，它是一种牵引式小车系统，可十分方便地与其他物流系统自动连接，显著地提高了劳动生产率及装卸搬运的自动化程度。

20 世纪 60 年代，斯坦福大学研究所研究出了自主移动机器人 Shakey，如图 1.2 所示。它可以在复杂的环境下进行对象识别、自主推理、路径规划及控制等功能，是一台真正意义上的智能移动机器人。在今天看来，机器人 Shakey 简单而又笨拙，但它却是当时将 AI 应用于机器人中最为成功的案例，证实了许多属于人工智能领域的严肃科学结论，其在实现过程中获得的成果也影响了很多后续的研究。

图 1.2　自主移动机器人 Shakey

欧美的移动机器人技术构成比较复杂，这主要是由欧美的工业模式所决定的。欧美的工业偏向于大型重工业，因为需要搬运的都是一些体积较大的东西，对应的移动机器人也基本上做成重载类的。欧美的移动机器人应用得早并且应用广泛，这主要取决于两个因素：第一，欧美的人工太精贵；其次，欧美的工业环境，即厂房环境对移动机器人的使用友好。在欧美几乎所有行业，需要搬运的地方都采用了移动机器人。

不同地区的移动机器人产品各有特色。欧美产品工艺复杂，市场认可度高；日本产品结构精简，价格优势大，能使客户快速收回成本。

### 1.2.2　国内发展现状

同世界主要机器人大国相比，我国尽管在移动机器人领域的研究起步比较晚，但是发展却很迅速。20 世纪 80 年代末，随着人口红利消退，劳动力成本增高，移动机器人开始进入结构化工厂。近年来，随着智能领域的快速发展，仅适用于单一环境的移动机器人已经不能满足人类对生产生活的需求。智能移动机器人以其灵活柔性的导航及路径规划方式进入了日常生活。同时，国内多个大学也开设了人工智能学科，智能移动机器人的研究得到了飞速发展。

目前，我国智能移动机器人需求领域较为集中，主要分布在汽车工业、家电制造等生产物流端，其中汽车工业领域智能移动机器人销售额占比 24%，家电制造领域占比 22%。除了工业领域的应用外，智能移动机器人开始向商业行业推广应用，其中对智能移动机器人需求最大的是电商仓储物流、烟草和 3C 电子行业，三者占比分别为 15%、15% 和 13%。

目前研制中的智能移动机器人智能水平并不高，只能说是智能移动机器人的初级阶段。当前智能移动机器人研究中的核心问题有两方面：一方面，提高智能移动机器人的自主性，这是指智能移动机器人与人的关系，即希望智能移动机器人进一步独立于人，具有更为友善的人机界面；另一方面，提高智能移动机器人的适应性，提高智能移动机器人适应环境的变化能力，这是指智能移动机器人与环境的关系，希望加强两者之间的交互关系。

智能移动机器人涉及许多关键技术，这些技术关系到智能移动机器人智能性的高低。这些关键技术主要有以下一些：

➢ 多传感信息耦合技术，是指综合来自多个传感器的感知数据，以产生更可靠、更准确或更全面的信息，经过融合的多传感器系统能够更加完善、精确地反映对象的特性，消除信息的不确定性，提高信息的可靠性。

➢ 导航和定位技术，在自主移动机器人导航中，无论是局部实时避障还是全局规划，都需要精确知道机器人或障碍物的当前状态及位置，以完成导航、避障及路径规划等任务。

➢ 路径规划技术，是指依据某些优化准则，在机器人工作空间中找到一条从起始状态到目标状态可以避开障碍物的最优路径。

➢ 机器人视觉技术，机器人视觉系统的工作包括图像的获取、图像的处理和分析、输出和显示，核心任务是特征提取、图像分割和图像辨识。

➢ 智能控制技术，用以提高机器人的速度和精度等。

➢ 人机接口技术，是研究如何使人方便自然地与计算机交流。

目前，在机器人室内环境中，以激光雷达为主并借助其他传感器的移动机器人自主环境感知技术已相对成熟，而在室外应用中，由于环境的多变性及光照变化等影响，环境感知的任务相对复杂得多，对实时性要求更高，使得多传感器融合成为机器人环境感知面临的重大技术任务。

移动机器人要实现智能行走，离不开可靠的定位导航技术，SLAM 作为移动机器人自主运行的关键技术，一直备受业内关注。SLAM 是同步定位与地图构建（Simultaneous Localization And Mapping）的缩写，最早由 Hugh Durrant-Whyte 和 John J.Leonard 提出。

它被定义为解决机器人从未知环境的未知地点出发，在运动过程中通过重复观测到的地图特征（如墙角，柱子等）定位自身位置和姿态，再根据自身位置增量式的构建地图，从而达到同时定位和构建地图的目的。图 1.3 所示为 SLAM 建图。

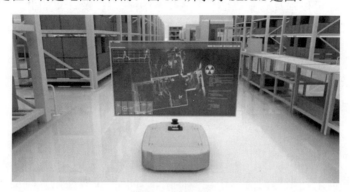

图 1.3　SLAM 建图

### 1. 2. 3　产业发展趋势

在各国的智能移动机器人发展中，美国的智能移动机器人技术在国际上一直处于领先地位，其技术全面、先进，适应性也很强，性能可靠，功能全面，精确度高，其视觉、触觉等人工智能技术已在航天、汽车工业中广泛应用。日本由于一系列扶持政策，各类机器人包括智能移动机器人的发展迅速。欧洲各国在智能移动机器人的研究和应用方面在世界上处于公认的领先地位。中国起步较晚，而后进入大力发展时期，以期以机器人为媒介推动整个制造业的改变，推动整个高技术产业的壮大。在"中国制造 2025"政策指导下，中国的智能移动机器人已经迎来蓬勃发展阶段。

智能移动机器人具有广阔的发展前景，尽管智能移动机器人的研究已经取得了许多成果，但其智能化水平仍然不尽人意。未来的智能移动机器人将会在以下几个方面着力发展。

**1. 面向任务**

目前，由于人工智能还不能提供实现智能机器的完整理论和方法，已有的人工智能技术大多数要依赖领域知识，因此当我们把机器要完成的任务加以限定，即发展面向任务的特种机器人，那么已有的人工智能技术就能发挥作用，使开发这种类型的智能移动机器人成为可能。

**2. 传感器技术和集成技术**

在现有传感器的基础上发展更好、更先进的处理方法和实现手段，或者寻找新型传感器，同时提高集成技术，增加信息的融合。

**3. 机器人网络化**

利用通信网络技术将各种机器人连接到计算机网络上，并通过网络对机器人进行有效的控制。

**4. 智能控制中的软计算方法**

与传统计算方法相比，以模糊逻辑、基于概率论的推理、神经网络、遗传算法和混沌为代表的软计算机技术具有更高的鲁棒性、易用性，以及计算的低耗费性等优点，应用到机器人技术中，可以提高其问题求解速度，较好地处理多变量、非线性系统的问题。

**5. 机器学习**

各种机器学习算法推动了人工智能的发展，强化学习、蚁群算法、免疫算法等可以应用到机器人系统中，使其具有类似人的学习能力，以适应日益复杂的、不确定的和非结构化的环境。

**6. 智能人机接口**

人机交互的需求越来越向简单化、多样化、智能化和人性化方向发展，因此需要研究并设计各种智能人机接口，如多语种语音、自然语言理解、图像、手写字识别等，以更好地适应不同的用户和不同的应用任务，提高人与机器人交互的和谐性。

**7. 多机协作**

组织和控制多个机器人来协作完成单个机器人无法完成的复杂任务，在复杂位置环境下实现实时推理反应及交互的群体决策和操作。

# 1.3　移动机器人技术基础

## 1.3.1　移动机器人组成

移动机器人汇集了传感器技术、信息处理、电子工程、计算机工程、自动化控制工程，以及人工智能等多学科的研究成果，代表机电一体化的最高成就。移动机器人主要由机械模块、驱动模块、感知模块、控制模块、人机交互模块和通信模块六部分构成，如图 1.4 所示。移动机器人还可以在此基础上添加牵引模块、搬运模块等，以满足不同的生产服务需求。

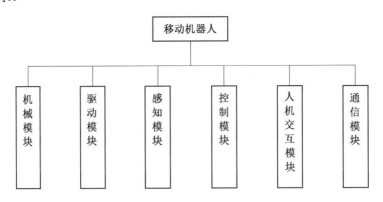

图 1.4　移动机器人基本组成

（1）机械模块：机械模块是指移动机器人组装的支架，起支撑作用，主要包括移动机器人的车体和各个元器件的安装支架等机械零部件，是机器人的组成基础，如图 1.5 所示。

（a）车体　　　　　　　　　（b）车轮　　　　　　　（c）充电安装支架

图 1.5　机械模块

（2）驱动模块：驱动模块主要由移动机器人的电源模块、驱动器和驱动电机等构成，是移动机器人最主要的模块之一，常见的驱动模块如图 1.6 所示。驱动模块直接决定移动机器人的运行性能。

（a）电源模块　　　　　　　（b）驱动器　　　　　　　（c）驱动电机

图 1.6　驱动模块

（3）感知模块：感知模块主要包括激光雷达、超声波传感器、光电传感器和惯性测量模块等，如图 1.7 所示。其主要由一个或多个传感器组成，用来获取内部和外部环境中的有用信息，通过这些信息确定机械部件各部分的运行轨迹、速度、位置和外部环境状态，使机械部件的各部分按预定程序或工作需要进行动作。传感器的使用提高了机器人的机动性、适应性和智能化水平。

（a）激光雷达　　　　　　　（b）超声波传感器　　　　　（c）光电传感器

图 1.7　感知模块

8

（4）控制模块：控制模块主要是指移动机器人的工控机和控制器等，如图 1.8 所示。其任务是使机器人根据作业指令程序，以及从传感器反馈回来的信号完成规定的运动和功能，是移动机器人的大脑。

（a）工控机主板　　　　　　（b）工控机　　　　　　（c）控制器

图 1.8　控制模块

（5）人机交互模块：人机交互模块主要包括触摸屏或显示屏、指示灯、按钮和扬声器等元器件，如图 1.9 所示。其主要功能是使操作人员参与机器人控制，并与机器人进行信息连接。

（a）触摸屏　　　　　　（b）指示灯　　　　　　（c）扬声器

图 1.9　人机交互模块

（6）通信模块：通信模块主要是指移动机器人中的无线通信模块，如图 1.10 所示。其主要功能是移动机器人控制器通过通信模块与外部设备进行信息交互，可以实时完成更多的功能和任务，能极大地提高生产效率。

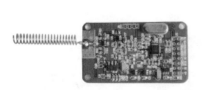

（a）无线模块　　　　　　（b）路由器　　　　　（c）Wi-Fi 串口服务器

图 1.10　通信模块

### 1.3.2　移动机器人分类

#### 1. 根据工作环境分类

移动机器人根据工作环境，可分为室内移动机器人和室外移动机器人（图 1.11）。室内地面环境一般比较恒定，移动机器人运行相对稳定；室外路面环境一般比较开阔，变化比较大，因此室外移动机器人一般需要比室内移动机器人具备更高的性能。

（a）室内移动机器人　　　　　　　　　　　（b）室外移动机器人

图 1.11　移动机器人

#### 2. 根据移动方式分类

根据移动方式，移动机器人可分为轮式移动机器人、足式移动机器人（单腿式、双腿式和多腿式）、履带式移动机器人和躯干式移动机器人等类型。

（1）轮式移动机器人的主要特点：机构简单，与地面为连续点接触，效率极大地依赖环境情况，特别是地面的平坦和硬度，在非结构环境中移动性能较差。

（2）足式移动机器人的主要特点：具有良好的地面适应能力，运动系统可以主动隔振，地面不平时，通过机体姿态控制算法，机身运动仍可做到相对平稳；控制算法和机械结构等相对复杂。

（3）履带式移动机器人的主要特点：与地面为连续面接触，可较好地适应不平整地面和松软地面；稳定性好，接地比压大，牵引力大；会对地面造成较大磨损；适用于军事、救援等领域。

（4）躯干式移动机器人的主要特点：依附于空间的移动方式，以仿生为主要研发趋势。

智能移动机器人的移动方式如图 1.12 所示。

（a）轮式移动机器人　　　　　　　　（b）足式移动机器人

（c）履带式移动机器人　　　　　　　（d）躯干式移动机器人

图 1.12　智能移动机器人的移动方式

### 3. 根据功能用途分类

根据功能和用途，移动机器人可分为移动搬运机器人、军用机器人、助残机器人和服务机器人等，如图 1.13 所示。

（a）移动搬运机器人　　　　　　　　（b）军用机器人

图 1.13　移动机器人功能用途

（c）助残机器人　　　　　　　　　　（d）服务机器人

续图 1.13

### 1.3.3　主要技术参数

移动机器人的技术参数反映了移动机器人的适用范围和工作性能，主要包括：驱动方式、导航导引方式、额定负载、额定速度、停车精度。其他参数还有导航精度、最大运动速度、最小旋转半径、二次定位功能等。

**1. 驱动方式**

驱动方式指移动机器人行走的方式，包括轮式、足式、混合式（如轮子和足）、特殊式（如吸附式、轨道式、蛇式等）。

本书主要讲解轮式智能移动机器人，因此重点介绍轮式驱动方式。轮式驱动方式主要有 3 种：差速驱动、舵轮驱动、全向轮驱动。

（1）差速驱动。

差速驱动指的是靠两个驱动轮速度差不同来实现移动机器人转向，没有特定的转向机构。多用于负载能力小的智能移动机器人，广泛应用于工业、商业和服务业等。差速驱动原理如图 1.14 所示。

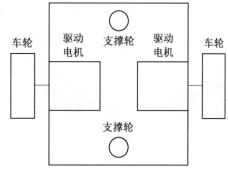

（a）差速驱动型移动机器人　　　　　　　（b）差速驱动模型

图 1.14　差速驱动原理

（2）舵轮驱动。

舵轮是指集成了驱动电机、转向电机、减速机等一体化的机械结构，单个舵轮即可实现移动机器人的行走和转向。相比传统移动机器人差速控制方式，舵轮集成化高，适配性强，多用于需要大负载的移动机器人。舵轮驱动原理如图 1.15 所示。

转向电机

驱动电机

（a）舵轮驱动型移动机器人　　　　　　　　　（b）舵轮

图 1.15　舵轮驱动原理

（3）全向驱动。

全向驱动型智能移动机器人一般会使用"麦克纳姆轮"（Mecanum Wheel）或"全向轮"（Omni Wheel）两种特殊轮子，如图 1.16 所示。

（a）麦克纳姆轮　　　　　　　　　　　　　（b）全向轮

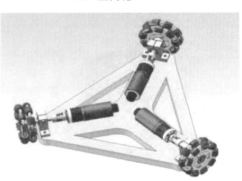

（c）麦克纳姆轮型移动机器人　　　　　　　（d）全向轮型移动机器人

图 1.16　全向驱动型

麦克纳姆轮是瑞典麦克纳姆公司的专利。这种全方位移动方式是基于一个有许多位于机轮周边的轮轴的中心轮的原理上，这些成角度的周边轮轴把一部分的机轮转向力转化到一个机轮法向力上面。

依靠各自机轮的方向和速度，这些力最终可以在任何要求的方向上产生一个合力矢量，从而保证了这个平台在最终的合力矢量的方向上能自由地移动，而不改变机轮自身的方向。在它的轮缘上斜向分布着许多小滚子，故轮子可以横向滑移。小滚子的母线很特殊，当轮子绕着固定的轮心轴转动时，各个小滚子的包络线为圆柱面，所以该轮能够连续地向前滚动。

三轮全向移动底盘因其良好的运动性并且结构简单，近年来备受欢迎。3 个轮子互相间隔 120°，每个全向轮由若干个小滚轮组成，各个滚轮的母线组成一个完整的圆。机器人既可以沿轮面的切线方向移动，也可以沿轮子的轴线方向移动，这两种运动的组合即可以实现平面内任意方向的运动。

**2. 导航导引方式**

导航导引方式指的是引导智能移动机器人以一定的速度和方向完成运行过程的技术和方法。智能移动机器人中常用的几种导航导引方式，如图 1.17 所示。

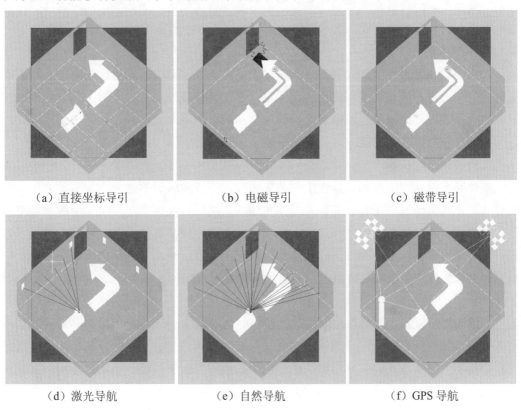

(a) 直接坐标导引　　　　(b) 电磁导引　　　　(c) 磁带导引

(d) 激光导航　　　　(e) 自然导航　　　　(f) GPS 导航

图 1.17　常见导航导引方式

（1）直接坐标导引。

直接坐标导引指用定位块将智能移动机器人的行驶区域分成若干坐标小区域，通过对小区域的计数实现导引，一般有光电式（将坐标小区域以两种颜色划分，通过光电器件计数）和电磁式（将坐标小区域以金属块或磁块划分，通过电磁感应器件计数）两种形式。其优点是可以实现路径的修改，导引的可靠性好，对环境无特别要求；缺点是地面测量安装复杂，工作量大，导引精度和定位精度较低，且无法满足复杂路径的要求。

（2）电磁导引。

电磁导引是较为传统的导引方式之一，仍被许多系统采用。该方式是在智能移动机器人的行驶路径上埋设金属线，并在金属线上加载导引频率，通过对导引频率的识别来实现智能移动机器人的导引。其主要优点是引线隐蔽，不易污染和破损，导引原理简单而可靠，便于控制和通信，对声光无干扰，制造成本较低；缺点是路径难以更改扩展，对复杂路径的局限性大。

（3）磁带导引。

与电磁导引相近，磁带导引用在路面上贴磁带替代在地面下埋设金属线，通过磁感应信号实现导引，其灵活性比较好，改变或扩充路径较容易，磁带铺设简单易行。但此导引方式易受环路周围金属物质的干扰，磁带易受机械损伤，因此导引的可靠性受外界影响较大；因其施工难度低，技术成熟，成本低，所以在制造业中应用非常广泛。

（4）光学导引。

光学导引和磁带导引方式相似，光学导引是在智能移动机器人的行驶路径上涂漆或粘贴色带，通过对摄像机采入的色带图像信号进行简单处理而实现导引。其灵活性比较好，地面路线设置简单易行，但对色带的污染和机械磨损十分敏感，对环境要求过高，导引可靠性较差，精度较低。

（5）惯性导航。

惯性导航是在智能移动机器人上安装陀螺仪，在行驶区域的地面上安装定位块，智能移动机器人可通过对陀螺仪偏差信号（角速率）的计算及地面定位块信号的采集来确定自身的位置和航向，从而实现导引。此项技术在军方较早运用。其主要优点是技术先进，较之有线导引，地面处理工作量小，路径灵活性强；缺点是制造成本较高，导引的精度和可靠性与陀螺仪的制造精度及其后续信号处理密切相关。

（6）二维码导航。

二维码导航方式一般是在地面离散铺设 QR（Quick Response）二维码，通过移动机器人车载摄像头扫描解析二维码获取实时坐标。二维码导航方式也是目前市场上最常见的移动机器人导航方式，在应用中，一般会将二维码导航和惯性导航混合使用。京东无人运输仓和菜鸟物流运输仓中的移动机器人就是通过这种导航方式实现自主移动的。这种方式相对灵活，铺设和改变路径也比较方便，缺点是二维码易磨损，需定期维护。

（7）激光导航。

激光导航通常是指在智能移动机器人行驶路径的周围安装位置精确的激光反射板，智能移动机器人通过激光扫描器发射激光束，同时采集由反射板反射的激光束，来确定其当前的位置和航向，并通过连续的三角几何运算来实现智能移动机器人的导引。

（8）自然导航。

自然导航主要是利用 SLAM（Simultaneous Localization And Mapping）技术，即时定位与构建地图。在未知的环境中，机器人通过自身所携带的内部传感器（编码器、IMU 等）和外部传感器（激光传感器或视觉传感器）来对自身进行定位，并在定位的基础上利用外部传感器获取的环境信息增量式地构建环境地图。

此项技术最大的优点是地面无须其他定位设施，行驶路径可灵活多变，能够适合多种现场环境，它是国外许多智能移动机器人生产厂家优先采用的先进导引方式。其缺点是制造成本高，对环境要求较相对苛刻（外界光线，地面要求，能见度要求等），尤其是易受雨、雪、雾的影响。

（9）GPS（全球定位系统）导航。

通过卫星对非固定路面系统中的控制对象进行跟踪和制导，此项技术还在发展和完善，通常用于室外远距离的跟踪和制导。其精度取决于卫星在空中的固定精度和数量，以及控制对象周围的环境等因素。

由此发展出来的是 iGPS（室内 GPS）和 dGPS（用于室外的差分 GPS），其精度要远远高于民用 GPS，但地面设施的制造成本是一般用户无法接受的。目前行业应用也比较少。

**3.　额定负载**

额定负载是指移动机器人在正常作业条件下的最大承载重量。

**4.　额定速度**

额定速度是指移动机器人的运动中心在额定负载可控运动状态下可持续运动的最大速度。

**5.　停车精度**

停车精度是指移动机器人在可控低速（50%额定速度）直线运动状态下，运动控制轨迹收敛后，在指定位置停车，其运动中心在运动方向上的最大偏差距离。

# 1.4　移动机器人应用

## 1.4.1　智能制造应用

传统的仓库和工厂中，货物的搬运总是耗费大量人力，且效率低下、容易出错。随着智能制造的来临，工厂智能化已成为不可逆的发展趋势，AGV（Automated Guided Vehicle）

❋　移动机器人应用

即自动导引运输车，作为移动机器人的典型代表，是自动化技术升级重要的核心组成部分，无疑成为业界关注的重点之一。凭借其造型美观、升降平稳、坚固耐用、运转灵活等特点，AGV 在制造业的生产线中大显身手，高效、准确、灵活地完成物料的搬运任务，大大提高了生产的柔性和企业的竞争力。图 1.18 所示为移动机器人在智能制造中的应用。

（a）电子厂货箱运输　　　　　　　　　　（b）汽车制造厂挡风玻璃运送

图 1.18　智能制造应用

### 1.4.2　仓储物流应用

网络的高速发展使电商快速崛起，带动了快递行业的爆发式增长，使之诞生了许多物流"黑科技"，智能化显然已经成为物流行业的关键词之一。移动机器人的引入降低了分拣的错误率，节约了运输时间，大大提高了物流运输速度，降低了生产成本。图 1.19 所示为移动机器人在仓储物流中的应用。

（a）京东无人运输仓　　　　　　　　　　（b）菜鸟物流运输仓

图 1.19　仓储物流应用

### 1.4.3　生活服务应用

随着"人工智能"时代的到来，以往只在工业领域出现的机器人，如今穿越工业生产线走向生活，来到百姓身边，让人看得见也能摸得着。越来越多的酒店、餐厅、银行等服务场所开始引入智能服务机器人作为迎宾员。图 1.20 所示为移动机器人在生活服务中的应用。

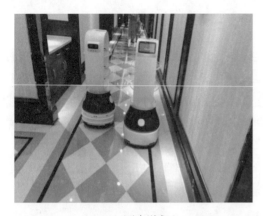

（a）酒店送餐

（b）大堂迎宾

图 1.20　生活服务应用

### 1.4.4　公共安防应用

随着机器人和人工智能等高新技术日趋成熟，安防要求也越来越高。用于安保巡逻和医疗卫生防疫的移动机器人发展迅速，已成为公共安全、智能安防领域的重要装备之一。智能移动机器人使安防行业从传统的安防系统过渡到以现代服务为理念的智能安防系统，将智能安防推向了一个新高度。2020 年初，在新冠肺炎病毒事件中，医务人员处于抗击疫情的第一线，最容易受到病毒的感染。将移动机器人改造后应用于医院防疫，用于完成急诊静脉用药配送、检验科标本运送、住院部药品运送、智能消毒、餐饮运送和被服运输配送等任务，减少了人与人之间的密切接触，极大地降低了医务人员的感染风险。如图 1.21 所示为移动机器人在公共安防中的应用。

（a）东盟峰会安保

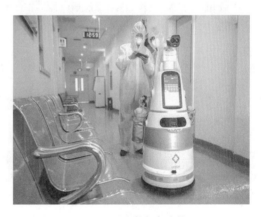

（b）医院安全防护

图 1.21　公共安防应用

## 1.5 移动机器人人才培养

### 1.5.1 人才分类

人才是指具有一定的专业知识或专门技能，进行创造性劳动，并对社会做出贡献的人，是人力资源中能力和素质较高的劳动者。

具体到企业中，人才的概念是指具有一定的专业知识或专门技能，能够胜任岗位能力要求，进行创造性劳动并对企业发展做出贡献的人，是人力资源中能力和素质较高的员工。

按照国际上的分法，普遍认为人才分为学术型人才、工程型人才、技术型人才、技能型人才4类，如图1.22（a）所示。其中学术型人才单独分为一类，工程型、技术型与技能型人才统称为应用型人才。

学术型人才为发现和研究客观规律的人才，基础理论深厚，具有较好的学术修养和较强的研究能力。

工程型人才为将科学原理转变为工程或产品设计、工作规划和运行决策的人才，有较好的理论基础和较强的应用知识解决实际工程的能力。

技术型人才是在生产第一线或工作现场从事为社会谋取直接利益工作的人才，把工程型人才或决策者的设计、规划、决策转换成物质形态或对社会产生具体作用，有一定的理论基础，但更强调在实践中应用。

技能型人才是指各种技艺型、操作型的技术工人，主要从事操作技能方面的工作，强调工作实践的熟练程度。

目前，机器人行业技能型人才占据行业人才数量的45%左右，技术型人才占据行业人才数量的35%左右，工程型人才占据行业人才数量的15%左右，学术型人才占据行业人才数量的5%左右（图1.22（b））。随着机器人数量的增多，需要的人才也越来越多。

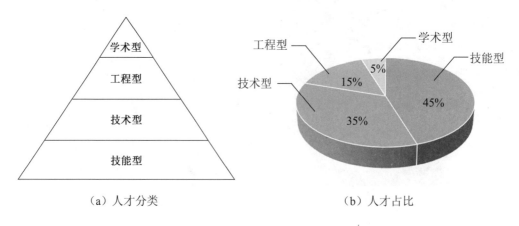

（a）人才分类　　　　　　　　　　（b）人才占比

图1.22　人才分类与占比

### 1.5.2　产业人才现状

移动机器人行业在近些年展现出了磅礴的生命力，移动机器人综合了机械、电气、控制、软件等多方面专业知识，目前高校和企业对于移动机器人相关知识没有一个完整的教学体系，甚至市面上也很难找到相配套的书籍。虽然部分高校开始注重这方面人才的培养，但是教育模式还未完全适应企业用人需求，新一批的技术人才也未步入社会，所以行业内人才缺口依旧很大。

根据《制造业人才发展规划指南》权威预测，到 2025 年高档数控机床和机器人相关领域人才总量将达到 900 万，人才缺口将达到 300 万。

### 1.5.3　产业人才职业规划

市场对移动机器人人才需求较大，专业人才需要相应的职业规划。

对于进入移动机器人行业的初学者，首先要做的是熟悉移动机器人，一般从学习移动机器人的安装调试开始，掌握技能。当掌握了移动机器人的基本结构、设备安装、维护保养等专业知识后，可以往技术型人才发展。在熟练掌握了移动机器人的编程知识，参与了较多的应用项目，积累了丰富的经验，对本行业有了一定的理解后，会逐步成长为工程型人才。学术型人才处于本行业的最顶端，负责开发移动机器人的新功能、新技术，使产品更稳定、更符合市场需求。学术型人才对知识和能力要求较高，需要有很好的理论技术基础。

### 1.5.4　产业教育学习方法

学习移动机器人技术，首先需要了解移动机器人的基本常识，认识移动机器人的基本结构。然后从学习移动机器人的基本操作开始，逐渐深入学习移动机器人的应用知识，最终通过项目实战来锻炼学习到的移动机器人知识，进而掌握整个移动机器人的知识体系。

本书以"六个项目""六个主题""六个步骤"为核心，以"六六六教学法"为引导，从简单到复杂，从知识片段到项目过程，由浅入深，完整地阐述了移动机器人的基本知识和项目应用实例。

产教融合学习方法参照了国际上一种简单、易用的顶尖学习法——费曼学习法。费曼学习法由诺贝尔物理学奖得主、著名教育家查德·费曼提出，其核心在于用自己的语言来记录或讲述要学习的概念，包括 4 个核心步骤：选择一个概念→讲授这个概念→查漏补缺→简化语言和尝试类比。

费曼学习法的关键在于学习模式的转变，学习费曼学习法能够在真正意义上改变我们的学习模式，图 1.23 所示为不同模式的学习效率图。

20

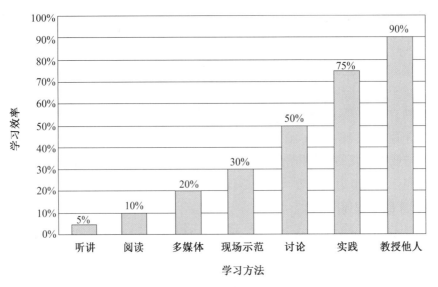

图 1.23　学习效率图

　　从学习效率图表中可以知晓，对于一种新知识，通过别人的讲解，只能获取 5% 的知识；通过自身的阅读可以获取 10% 的知识；通过多媒体等渠道的宣传可以掌握 20% 的知识；通过现场实际的示范可以掌握 30% 的知识；通过相互间的讨论可以掌握 50% 的知识；通过实践可以掌握 75% 的知识；最后达到能够教授他人的水平，就能够掌握 90% 的知识。

　　通过上述掌握知识的多少，可以通过大致 4 个部分进行知识体系的梳理：

　　（1）注重理论与实践相结合。对于技术学习来说，实践是掌握技能的最好方式，理论对实践具有重要的指导意义，两者相结合才能既了解系统原理，又掌握技术应用。

　　（2）通过项目案例掌握应用。在技术领域中，相关原理往往非常复杂，难以在短时间内掌握，但是作为工程化的应用实践，其项目案例更为清晰明了，可以更快地掌握应用方法。

　　（3）进行系统化的归纳总结。任何技术的发展都是有相关技术体系的，通过个别案例很难全部了解，需要在实践中不断归纳总结，形成系统化的知识体系，才能掌握相关应用，学会举一反三。

　　（4）通过互相交流加深理解。个人对知识内容的理解可能存在片面性，通过多人的相互交流，合作探讨，可以碰撞出不一样的思路技巧，实现对技术的全面掌握。

# 第2章 移动机器人产教应用系统

## 2.1 NEXT 移动机器人简介

### 2.1.1 NEXT 智能移动平台介绍

❋ 移动机器人产教应用系统

NEXT 智能移动平台是一款具备导航、通信和负载能力的移动机器人，由两部分组成，上层为功能层，下层为驱动层，可更换不同的功能模块实现差异化的功能，如图 2.1 所示。

（a）车尾         （b）车头

图 2.1 NEXT 智能移动平台

NEXT 机器人所具有的拓展功能、云调度系统及智能移动功能，可协助工厂人员搬运轻物料。此外，NEXT 机器人的外形小巧玲珑，可随意穿梭于工厂。方便用户操作的系统及设计简洁的界面，都可让客户更易于使用 NEXT 机器人。

### 2.1.2 NEXT 智能移动平台基本组成

NEXT 智能移动平台主要由上下两层组成：其中上层设计围绕工控机主板，搭配激光雷达、路由器、扬声器、风扇和 IMU 等，如图 2.2 所示；下层主要以运动控制板为主，还包含电池、电机驱动器、显示屏、按钮等，如图 2.3 所示。

激光雷达以激光作为信号源，由激光器向目标发射出脉冲激光，引起散射，一部分光波会反射到激光雷达的接收器上，然后将反射的信号与发射信号进行比较，做适当处理后，就可获得目标的有关信息，如目标距离、速度、姿态、形状等参数。

22

图 2.2　NEXT 移动机器人上层模块

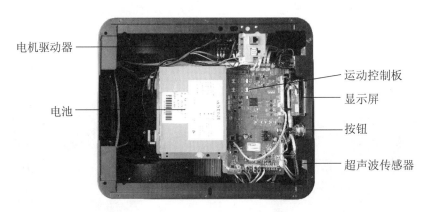

图 2.3　NEXT 移动机器人下层模块

IMU（Inertial Measurement Unit）指的是惯性测量单元，大多用在需要进行运动控制的设备，是测量物体三轴姿态角（或角速率）及加速度的装置。一般情况下，一个 IMU 包含了 3 个单轴的加速度计和 3 个单轴的陀螺，加速度计检测物体在载体坐标系统独立三轴的加速度信号，而陀螺检测载体相对于导航坐标系的角速度信号，测量物体在三维空间中的角速度和加速度，并以此计算出物体的姿态。在导航中有着很重要的应用价值。

运动控制板搭载的传感器有里程计与超声波；运动控制板直接与电机驱动器连接，控制驱动轮运动。

超声波传感器是将超声波信号转换成其他能量信号（通常是电信号）的传感器。超声波是震动频率高于 20 kHz 的机械波。它具有频率高、波长短、绕射现象小，特别是方向性好、能够成为射线而定向传播等特点，广泛应用在工业、国防、生物医学等方面。

编码器作为里程计，可以测量移动机器人行程，针对双轮差速移动机器人平台，根据安装在左右两个驱动轮上的光电编码器来检测车轮在一定时间内转过的弧度，从而计算机器人的行程和相对位姿的变化。

### 2.1.3　NEXT 智能移动平台技术参数

NEXT 机器人参数配置见表 2.1。

表 2.1　NEXT 机器人参数配置

| | | | | |
|---|---|---|---|---|
| | 越障高度* | ≤2 cm | 工作时间* | 10 h |
| | 越间隙宽度* | ≤3 cm | 额定电压 | 24 V |
| 性能参数 | 最大行走速度 | 1.2 m/s | 额定容量 | 30 Ah |
| | 额定负载 | 50 kg | 工作温度范围 | −10～45 ℃ |
| | 爬坡角度* | ≤5° | 工作湿度范围* | ≤80 RH |
| | 额定功率（空载）* | 60 W | 定位精度* | ±5 cm |
| 配置参数 | 外形尺寸 | 460 mm×380 mm×380 mm | 超声波 | 6 组 |
| | 激光雷达 | 270°，20 m | 电池类型 | 锂电池 |

注：*以上数据来源于实验室

## 2.2　产教应用系统简介

### 2.2.1　产教应用系统简介

智能移动机器人产教应用系统是指 NEXT 智能移动平台，如图 2.4 所示。本书将通过拆解、组装、手动控制、软件编写程序等内容使读者充分认识移动机器人的基本知识，掌握移动机器人的控制方法，了解移动机器人的产业应用场景等信息。

（a）背面照　　　　　　　　　　　（b）正面照

图 2.4　NEXT 智能移动平台产教应用系统

### 2.2.2　基本组成

NEXT 智能移动平台主要由 6 部分组成，分别是机械模块、驱动模块、感知模块、控制模块、人机交互模块和通信模块。

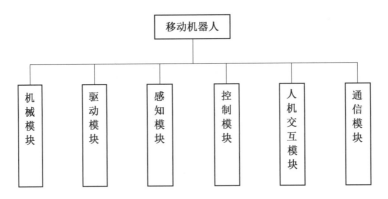

图 2.5　NEXT 智能移动平台基本结构

NEXT 智能移动平台采用模块化设计，具体拆装操作见表 2.2 和表 2.3。

### 1. 拆分操作

机器人拆分操作步骤见表 2.2。

表 2.2　机器人拆分操作步骤

| 序号 | 图片示例 | 操作步骤 |
|---|---|---|
| 1 | | 将快拆键向上抬起，抬起后将上部分模块向车体正后方推动 |
| 2 | | 向上抬起底座 |
| 3 | | 将上下层连接处的两根控制线接头拔出 |

## 2. 组装操作

机器人组装操作步骤，见表 2.3。

表 2.3　机器人组装操作步骤

| 序号 | 图片示例 | 操作步骤 |
|:---:|:---:|:---|
| 1 | 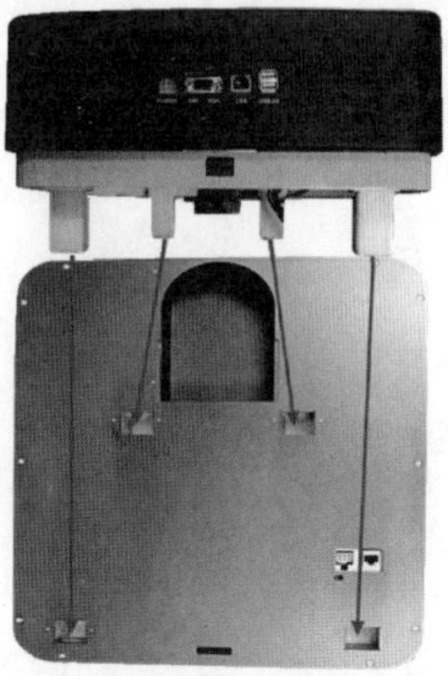 | 将上部模块 4 个立柱对准底座上 4 个相对应的孔位 |
| 2 |  | 将上层模块两根控制线接头对应插入下层接口 |
| 3 |  | 上部模块嵌入底盘，向车体正前方推进，再将快拆键向下按压，锁死上下层 |

**3. 使用说明**

（1）开机操作。

按下 ON/OFF 开机键，指示光圈发光即代表正常开机，正常开机后显示屏同步显示"NEXT"英文字样。

（2）关机操作。

按下 STOP 按键，机器停止后，长按 ON/OFF 按键 3 s，直至显示屏显示"正在关机…"，即可松手完成关机。

（3）暂停操作。

按下 STOP 按键，机器停止移动。

（4）解除暂停。

需先按 STOP 按键，再按 RESET 按键解除急停，复位。

（5）充电操作。

旋开机器人后方标记有 CHARGE 图标处的旋钮，露出手动充电口，将充电插头精准插入后需要顺时针拧紧再将充电器通电。

**4. 使用注意事项**

（1）智能移动机器人禁止下台阶。

（2）智能移动机器人禁止雨水侵入。

（3）智能移动机器人运行区域禁止有电源线等杂物。

（4）禁止遮挡触摸激光雷达。

（5）禁止未断电拆分模块。

（6）充电完成后请及时断电。

（7）不使用时，关机存放至少 3 个月充电一次。

（8）智能移动机器人保存在水平地面并靠墙放置。

（9）开机状态下，禁止手动推行智能移动机器人。

## 2.1.3　产教典型应用

在保证产品可靠性的前提下，智能移动机器人具有较高的行业性价比，可替代人工完成物料搬运工作，为工厂释放劳动力，减轻工厂工作人员的工作负担，提高企业生产效率，有效降低企业用工成本。工业 4.0 时代下的工厂物流运输，除一些特殊的运输场景外，将由机器人全部取代。

在制造业中，工厂内的物流运输占据很重要的地位，很多零部件需要重复地从仓库运输到生产线进行装配，然后再将装配好的产品运输到指定区域保存等。以往的工厂内部物流运输主要依靠人力运输，而采用 NEXT 智能移动平台机器人后，只需要工人或者机器人将生产需要的物料放到 NEXT 智能移动平台上，NEXT 智能移动平台可根据系统设定的目标及时、准确地将物料运送到指定地点，具有高效、精确、可持续工作等特点，如图 2.6 所示。

（a）工厂物流运输（一）　　　　　　（b）工厂物流运输（二）

图 2.6　NEXT 智能移动平台典型应用

# 第3章 移动机器人系统编程基础

## 3.1 bzrobot_ui 软件简介及安装

### 3.1.1 bzrobot_ui 软件介绍

❋ 移动机器人系统编程基础

bzrobot_ui 软件是基于机器人操作系统（Robot Operating System，ROS）来进行开发的，其软件界面如图 3.1 所示。

ROS 是用于编写机器人软件程序的一种具有高度灵活性的软件构架。它包含了大量工具软件、库代码和约定协议，旨在简化跨机器人平台创建复杂、鲁棒的机器人行为这一过程的难度与复杂度。

ROS 是当前比较流行的机器人控制框架，它可以节省构建机器人系统框架的时间，更专注算法层面的研究，极大地提高了开发效率。它提供了包括硬件抽象描述、底层设备控制、常用功能的实现、程序间信息的传递、程序包管理，以及一些可视化数据程序和软件库，并在此平台的基础上开源了很多诸如定位构图、运动与规划、感知与决策等应用软件包。

（a）登录界面　　　　　　　　　　　　（b）软件主界面

图 3.1　bzrobot_ui 软件界面

ROS 为机器人提供了跨平台模块化软件通信机制，ROS 用节点（Node）的概念表示一个应用程序，不同节点之间通过事先定义好格式的消息（Topic）、服务（Service）、动作（Action）来实现连接。ROS 为开发者提供了一系列非常有用的工具，可以大大提高机器人开发的效率，ROS 集成有一系列先进的开源算法。

NEXT 机器人工控机与运动控制板之间主要通过 TCP（Transmission Control Protocol）协议来进行数据交互。具体工作原理如图 3.2 所示。

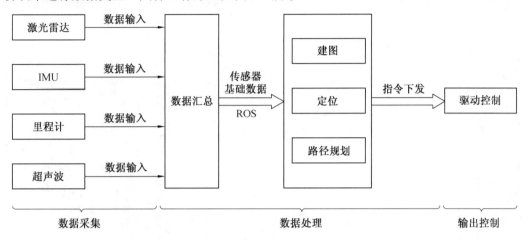

图 3.2　NEXT 工作原理

NEXT 内部工控机获取到激光雷达数据后，先将激光雷达数据进行滤波处理，再与 IMU、里程计、超声波数据进行融合并发送给 SLAM 导航算法模块；导航算法模块根据当前机器人导航任务（建图、定位、路径规划）来使用融合后的传感器基础数据（实时数据），然后再通过 TCP 协议向下位机实时发送控制指令，由机器人下位机的运动控制板来控制驱动轮运动。

### 3.1.2　bzrobot_ui 软件安装

bzrobot_ui 软件安装的硬件需求是：Linux Debian 9 操作系统电脑一台，电脑需要可访问广域网，主要安装步骤见表 3.1。

表 3.1　bzrobot_ui 软件安装步骤

| 序号 | 图片示例 | 操作步骤 |
|------|----------|----------|
| 1 | | 首先启动 debian 系统，启动成功后，点击左上角的"应用程序"→"系统工具"→"终端"，打开 gnome 终端 |

续表 **3.1**

| 序号 | 图片示例 | 操作步骤 |
|---|---|---|
| 2 | haiduxueyuan@debian: ~  〔文件(F) 编辑(E) 查看(V) 搜索(S) 终端(T) 帮助(H)〕 haiduxueyuan@debian:~$ sudo apt-get install libboost-all-dev libyaml-cpp-dev | 在安装软件之前需要确保"libboost-all-dev"和"libyaml-cpp-dev"两个文件已经安装。输入"sudo apt-get install libboost-all-dev libyaml-cpp-dev"命令，按【Enter】键安装此文件 |
| 3 | haiduxueyuan@debian: ~  〔文件(F) 编辑(E) 查看(V) 搜索(S) 终端(T) 帮助(H)〕 haiduxueyuan@debian:~$ sudo apt-get install libboost-all-dev libyaml-cpp-dev [sudo] haiduxueyuan 的密码： | 输入电脑管理员账户密码"1234"（本机密码：1234），按【Enter】键确认 |
| 4 | haiduxueyuan@debian: ~  〔文件(F) 编辑(E) 查看(V) 搜索(S) 终端(T) 帮助(H)〕 libboost-mpi-python1.62.0 libboost-mpi1.62-dev libboost-mpi1.62.0 libboost-program-options-dev libboost-program-options1.62-dev libboost-program-options1.62.0 libboost-python-dev libboost-python1.62-dev libboost-python1.62.0 libboost-random-dev libboost-random1.62-dev libboost-random1.62.0 libboost-regex-dev libboost-regex1.62-dev libboost-regex1.62.0 libboost-serialization-dev libboost-serialization1.62-dev libboost-serialization1.62.0 libboost-signals-dev libboost-signals1.62-dev libboost-signals1.62.0 libboost-system-dev libboost-system1.62-dev libboost-test-dev libboost-test1.62-dev libboost-test1.62.0 libboost-thread-dev libboost-thread1.62-dev libboost-timer-dev libboost-timer1.62-dev libboost-timer1.62.0 libboost-tools-dev libboost-type-erasure-dev libboost-type-erasure1.62-dev libboost-type-erasure1.62.0 libboost-wave-dev libboost-wave1.62-dev libboost-wave1.62.0 libboost1.62-tools-dev libfabric1 libhwloc-dev libhwloc-plugins libhwloc5 libibverbs-dev libibverbs1 libicu-dev libnuma-dev libopenmpi-dev libopenmpi2 libpsm-infinipath1 libpython3-dev libpython3.5-dev librdmacm1 libstdc++-6-dev libyaml-cpp-dev libyaml-cpp0.5v5 mpi-default-bin mpi-default-dev openmpi-bin openmpi-common python3-dev python3.5-dev 升级了 0 个软件包，新安装了 107 个软件包，要卸载 0 个软件包，有 0 个软件包未被升级。 需要下载 0 B/76.2 MB 的归档。 解压缩后会消耗 358 MB 的额外空间。 您希望继续执行吗？ [Y/n] y | 输入"y"，按【Enter】键确认继续执行 |

30

续表 3.1

| 序号 | 图片示例 | 操作步骤 |
|------|----------|----------|
| 5 | | 继续在终端中输入"sudo gedit / etc / apt / sources.list"按【Enter】键，打开 sources.list 文件 |
| 6 | | 打开源文件后，在所有文件前添加"#"屏蔽所有文件内容 |
| 7 | | 在最后一行下面添加"deb http://sources.bozhon.com/debian9./"，单击页面右上角【保存（S）】键 |

续表 3.1

| 序号 | 图片示例 | 操作步骤 |
|------|----------|----------|
| 8 | 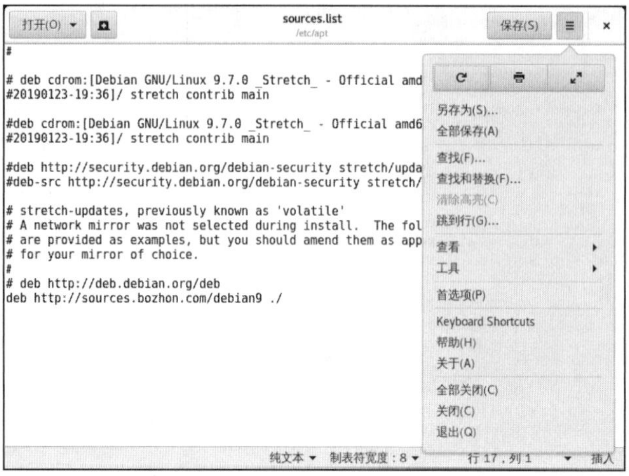 | 单击右上角【 ≡ 】，点击"退出（Q）"选项，退出源文件编辑 |
| 9 |  | 在终端中输入"sudo apt-get update"，按【Enter】键，进行源更新 |
| 10 | 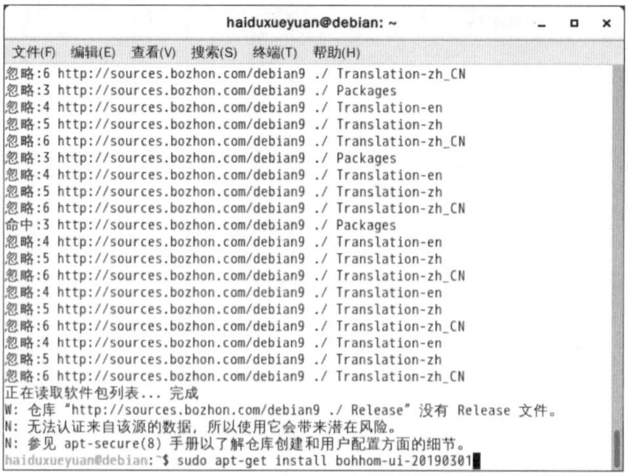 | 在终端中输入"sudo apt-get install bohhom-ui-20190301"，按【Enter】键开始安装软件（其中20190301 为软件的版本号，该版本号需与机器人端的版本号统一） |

32

续表 3.1

| 序号 | 图片示例 | 操作步骤 |
|---|---|---|
| 11 | **haiduxueyuan@debian: ~**　_　□　×<br>文件(F)　编辑(E)　查看(V)　搜索(S)　终端(T)　帮助(H)<br>忽略:5 http://sources.bozhon.com/debian9 ./ Translation-zh<br>忽略:6 http://sources.bozhon.com/debian9 ./ Translation-zh_CN<br>忽略:4 http://sources.bozhon.com/debian9 ./ Translation-en<br>忽略:5 http://sources.bozhon.com/debian9 ./ Translation-zh_CN<br>忽略:6 http://sources.bozhon.com/debian9 ./ Translation-zh_CN<br>正在读取软件包列表... 完成<br>W: 仓库 "http://sources.bozhon.com/debian9 ./ Release" 没有 Release 文件。<br>N: 无法认证来自该源的数据，所以使用它会带来潜在风险。<br>N: 参见 apt-secure(8) 手册以了解仓库创建和用户配置方面的细节。<br>haiduxueyuan@debian:~$ sudo apt-get install bohhom-ui-20190301<br>正在读取软件包列表... 完成<br>正在分析软件包的依赖关系树<br>正在读取状态信息... 完成<br>将会同时安装下列软件：<br>　bohhom-lib-cpprestsdk-20190301 bohhom-lib-lepton-20190301<br>　bohhom-lib-log-20190301 bohhom-lib-quark-20190301<br>下列【新】软件包将被安装：<br>　bohhom-lib-cpprestsdk-20190301 bohhom-lib-lepton-20190301<br>　bohhom-lib-log-20190301 bohhom-lib-quark-20190301 bohhom-ui-20190301<br>升级了 0 个软件包，新安装了 5 个软件包，要卸载 0 个软件包，有 0 个软件包未被升级<br>需要下载 8,092 kB 的归档。<br>解压缩后会消耗 60.8 MB 的额外空间。<br>您希望继续执行吗？ [Y/n] y | 跳出如图所示的提示，终端中输入"y"，按【Enter】键继续执行 |
| 12 | **haiduxueyuan@debian: ~**　_　□　×<br>文件(F)　编辑(E)　查看(V)　搜索(S)　终端(T)　帮助(H)<br>忽略:6 http://sources.bozhon.com/debian9 ./ Translation-zh_CN<br>正在读取软件包列表... 完成<br>W: 仓库 "http://sources.bozhon.com/debian9 ./ Release" 没有 Release 文件。<br>N: 无法认证来自该源的数据，所以使用它会带来潜在风险。<br>N: 参见 apt-secure(8) 手册以了解仓库创建和用户配置方面的细节。<br>haiduxueyuan@debian:~$ sudo apt-get install bohhom-ui-20190301<br>正在读取软件包列表... 完成<br>正在分析软件包的依赖关系树<br>正在读取状态信息... 完成<br>将会同时安装下列软件：<br>　bohhom-lib-cpprestsdk-20190301 bohhom-lib-lepton-20190301<br>　bohhom-lib-log-20190301 bohhom-lib-quark-20190301<br>下列【新】软件包将被安装：<br>　bohhom-lib-cpprestsdk-20190301 bohhom-lib-lepton-20190301<br>　bohhom-lib-log-20190301 bohhom-lib-quark-20190301 bohhom-ui-20190301<br>升级了 0 个软件包，新安装了 5 个软件包，要卸载 0 个软件包，有 0 个软件包未被升级<br>需要下载 8,092 kB 的归档。<br>解压缩后会消耗 60.8 MB 的额外空间。<br>您希望继续执行吗？ [Y/n] y<br>【警告】：下列软件包不能通过认证！<br>　bohhom-lib-cpprestsdk-20190301 bohhom-lib-log-20190301<br>　bohhom-lib-lepton-20190301 bohhom-lib-quark-20190301 bohhom-ui-20190301<br>没有验证的情况下就安装这些软件包吗？ [y/N] y | 输入"y"，按【Enter】键继续安装软件 |
| 13 | **haiduxueyuan@debian: ~**　_　□　×<br>文件(F)　编辑(E)　查看(V)　搜索(S)　终端(T)　帮助(H)<br>.bzrobot/resources/monitor_icon/global_state_idle.png'<br>'/opt/quark/resources/monitor_icon/global_state_init.png' -> '/home/haiduxueyuan<br>/.bzrobot/resources/monitor_icon/global_state_init.png'<br>'/opt/quark/resources/monitor_icon/global_state_offline.png' -> '/home/haiduxuey<br>uan/.bzrobot/resources/monitor_icon/global_state_offline.png'<br>'/opt/quark/resources/monitor_icon/global_state_run.png' -> '/home/haiduxueyuan/<br>.bzrobot/resources/monitor_icon/global_state_run.png'<br>'/opt/quark/resources/monitor_icon/manual_model_false.png' -> '/home/haiduxueyua<br>n/.bzrobot/resources/monitor_icon/manual_model_false.png'<br>'/opt/quark/resources/monitor_icon/manual_model_true.png' -> '/home/haiduxueyua<br>n/.bzrobot/resources/monitor_icon/manual_model_true.png'<br>'/opt/quark/resources/monitor_icon/monitor_background.png' -> '/home/haiduxueyua<br>n/.bzrobot/resources/monitor_icon/monitor_background.png'<br>'/opt/quark/resources/monitor_icon/offline_background_map.png' -> '/home/haiduxu<br>eyuan/.bzrobot/resources/monitor_icon/offline_background_map.png'<br>'/opt/quark/resources/monitor_icon/robot_monitor_background.png' -> '/home/haidu<br>xueyuan/.bzrobot/resources/monitor_icon/robot_monitor_background.png'<br>'/opt/quark/resources/monitor_icon/robot_monitor_background_offline.png' -> '/ho<br>me/haiduxueyuan/.bzrobot/resources/monitor_icon/robot_monitor_background_offline<br>.png'<br>'/opt/quark/resources/monitor_icon/status-plate.png' -> '/home/haiduxueyuan/.bzr<br>obot/resources/monitor_icon/status-plate.png'<br>正在设置 bohhom-ui-20190301 (1.0.0-deb9) ...<br>haiduxueyuan@debian:~$ | 到此界面，电脑端软件配置结束 |

## 3.2 软件界面

### 3.2.1 主界面

bzrobot_ui 应用程序运行在 Debian 系统之上。Debian 是一个自由的操作系统（OS），整个系统基础核心非常小，不仅稳定，而且占用硬盘空间和内存小，安装在计算机上使用。Debian 系统是 Linux 操作系统众多发行版本的一种。当前使用的 bzrobot_ui 应用程序版本为 20190301，其软件界面简洁明了，设备运行状态信息可从主界面查看，如图 3.3 所示。

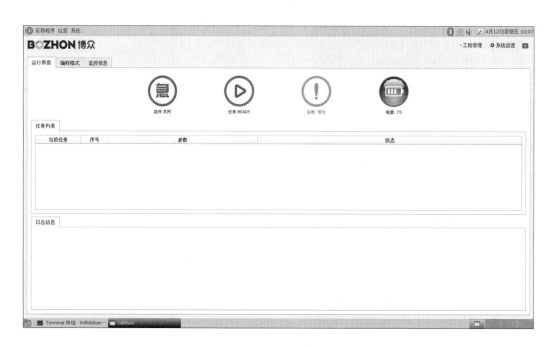

图 3.3　bzrobot_ui 软件主界面

### 3.2.2 菜单栏

该软件的菜单栏有"工程管理"和"系统设置"两个菜单选项。

**1."工程管理"菜单**

"工程管理"是主要的菜单选项，主要用于创建与编辑地图、创建工程、编辑工程和控制机器人等操作，如图 3.4（a）所示。

（1）初始化定位：通过初始化定位，可以使 NEXT 机器人定位到地图正确的位置。

（2）建图：通过激光雷达扫描场景自动生成地图，用于运动控制、定位和避障等。

（3）编辑地图：地图创建好之后，可以对地图进行一些新建、修改、删除等编辑功能。

（4）切换工程：当含有多个工程时，可通过切换工程按钮进行切换。

（5）2D 导航：在地图上指定位置，让 NEXT 机器人导航移动到此处。

（6）运动控制：用于手动控制 NEXT 机器人前后左右移动。

（7）清错：用于清理报错信息，还可以处理异常，具有一定的修复功能。

（8）机器人设置：用于速度设置和电量报警阀值设置。

**2. "系统设置"菜单**

"系统设置"菜单框中包含"语言选择"和"退出登录"两个选项，可以将软件界面语言设置成中文或英文，以及退出系统界面等，如图 3.4（b）所示。

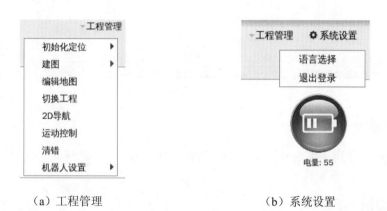

（a）工程管理　　　　　　　　（b）系统设置

图 3.4　菜单栏

### 3.2.3　工具栏

本软件无工具栏。

### 3.2.4　常用窗口

**1. 运行界面**

进入主界面后默认的是"运行界面"，"运行界面"中可以看到急停状态、任务状态、诊断报告、电量情况、任务列表及日志信息，如图 3.5 所示。

（1）急停：急停图标可以观察急停状态，判断急停按钮是否按下，并且是否需要复位。

（2）任务：任务图标下方可以观察任务状态，例如：运行、停止等状态。

（3）诊断：诊断标签下方可以观察当前操作状态，例如：错误、正常、警告状态。

（4）电量：电量图标下方可以观察 NEXT 机器人电量情况。

（5）任务列表：任务列表可以实时观察当前程序指令的运行情况。

（6）日志信息：日志信息列表中可以看到 NEXT 机器人的一些运行情况，如是否正常、是否报错等，从而对 NEXT 机器人进行调试。

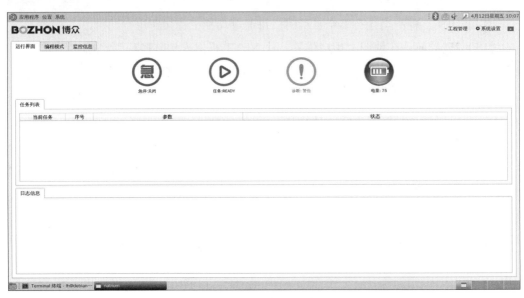

图 3.5　运行界面

## 2. 编程模式

编程界面主要用于编写和调试移动机器人程序，"编程模式"选项卡可进入编程界面，如图 3.6 所示。

图 3.6　编程界面

## 3. 监控信息

监控信息界面用于查看调试信息及变量。点击"监控信息"选项卡可进入日志界面，如图 3.7 所示。

图 3.7　日志界面

## 3.3　编程语言

### 3.3.1　语言介绍

　　NEXT 智能移动机器人的编程语言是由博众工程技术人员自主开发的一种脚本语言，编程比较灵活，实现的功能比较丰富。智能移动机器人在执行一个动作时，操作人员只需选择相应的指令块，在指令中选择具体动作即可。无须其他复杂操作，非专业技术人员经过一段时间培训也可以很快掌握此种编程，编程模式界面如图 3.8 所示。

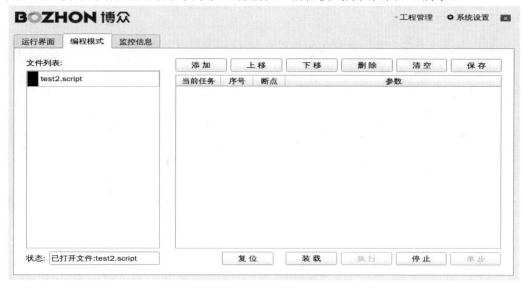

图 3.8　编程模式界面图

程序编写页面包含如下内容。

（1）添加：添加指令到脚本指令列表。

（2）上移：将选中的脚本指令插入上一个指令之前。

（3）下移：将选中的脚本指令插入下一个指令之后。

（4）删除：将选中的脚本指令从列表删掉。

（5）清空：将脚本指令列表中的指令全部删掉。

（6）保存：将脚本列表里的指令保存到脚本文件中。

（7）复位：任务状态复位（必须停止脚本执行后才可以进行复位操作）。

（8）装载：装载需要执行的脚本。

（9）执行：执行装载成功的脚本。

（10）停止：立即停止当前执行的脚本。

（11）单步：单步执行当前脚本。

### 3.3.2　数据类型

在脚本编写过程中，提供了 DECLARE（声明变量）、WHILE 和 End_WHILE（循环判断）、IF/ELSE 和 End_IF（条件判断）；其中可以选择的数据类型为 bool、double、int、string 和 unsigned int 共 5 种类型；LOOP 和 End_LOOP（循环次数设置），CONTINUE 和 BREAK 用在循环过程中的继续与退出。

常用的数据类型还有 waypoint，主要用来描述航点。航点是我们根据要求建立的移动机器人需要到达的位置信息点，其属性主要包括停止精度、停止角度、停止方式、航点名称、航点的父坐标和航点相对于父坐标系的坐标值等信息。脚本编写中需要根据数据类型填写或选择相应的数据参数。

### 3.3.3　常用指令

软件中的程序指令主要分 Motional 和 Logical 两大类，如图 3.9 所示。

（a）Motional

（b）Logical

图 3.9　程序指令

Motional 是指程序中的运动指令，如图 3.9（a）所示，包含 RequireArea、SmartNavi、StandBy、Move、CommClient、Delay、Dock、AreaNavi、PathFollow、Calibrate、MoveTheta、ReachArea、Navi、Speak 14 条指令程序，将这些运动指令组合运用，几乎可实现所有的运动状态。

Logical 是指程序中的逻辑指令，主要用作程序逻辑判断，如图 3.9（b）所示。

**1. 运动指令**

为了简化对智能移动平台的运动控制，natrium 应用程序提供了很多运动指令。

（1）RequireArea。

RequireArea 用来向调度系统申请可执行区域，当填写的区域或航路 ID 不存在时，则对应的区域或航路申请不成功，其他有效的 ID 仍然可生成对应的可行性区域；注意 RequireArea 每次申请生成的可行性区域都会覆盖上次的申请结果。使用时可在任务名下拉列表框中选中 RequireArea，如图 3.10 所示。

图 3.10　RequireArea 任务

RequireArea 任务的具体格式见表 3.2。

**表 3.2　RequireArea 任务**

| 格式 | RequireArea(std::string access_area_name) | |
|---|---|---|
| 参数 | access_area_name | 申请区域映射在交通地图上的 ID 序列，中间用逗号分隔，如 1，2，3 申请交通图上 ID 序列号为 1，2，3 的区域或航路 |
| 示例 | RequireArea( access_area_name=str ) | |
| 说明 | 申请 ID 为 str 的可执行区域 | |

（2）Navi。

Navi 用于根据地图设置的航点，导航到目标航点。使用时可在任务名下拉列表框中选择 Navi，如图 3.11 所示。

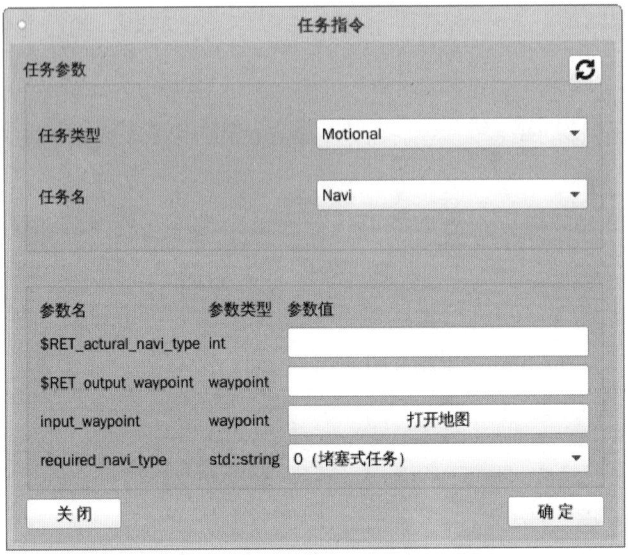

图 3.11　Navi 任务

Navi 任务的具体格式见表 3.3。

表 3.3　Navi 任务

| 格式 | Navi(waypoint input_waypoint, std::string required_navi_type) | |
|---|---|---|
| 参数 | input_waypoint | 对应地图上的航点 |
| | required_navi_type | 该参数指定了导航的方式，有两种模式：<br>0——堵塞式导航，该任务执行成功后才会执行其他任务<br>1——非堵塞式导航，不管该任务是否执行成功，都会继续执行后续任务 |
| 示例 | Navi( input_waypoint=WP1 required_navi_type=0 (堵塞式任务) ) | |
| 说明 | 以堵塞式导航的方式，导航至 WP1 航点 | |

（3）SmartNavi。

调度系统下，给定航点智能调度过程，SmartNavi 用于解决交通调度(包含巡线功能)，通过给定当前位置点和目标位置点，调度系统计算交通地图上的路径进行批复，中间过程会存在单双向航路和巡线与非巡线航路的特殊属性，当发生堵塞超过 5 s 时，重新申请路径。在使用前，请在 /etc/hosts 文件中添加调度系统 IP，名称为 Fleet，例如：172.17.220.201Fleet。在任务名下拉列表框中选择 SmartNavi，如图 3.12 所示。

图 3.12　SmartNavi 任务

SmartNavi 任务的具体格式见表 3.4。

**表 3.4　SmartNavi 任务**

| 格式 | SmartNavi(waypoint input_waypoint) | |
|---|---|---|
| 参数 | input_waypoint | 对应地图上的航点 |
| 示例 | SmartNavi( input_waypoint=WP ) | |
| 说明 | 智能调度到 WP 航点 | |

（4）Move。

Move 任务用于控制智能移动平台以 m（米）为单位运动，在任务名下拉列表中选择 Move，如图 3.13 所示。

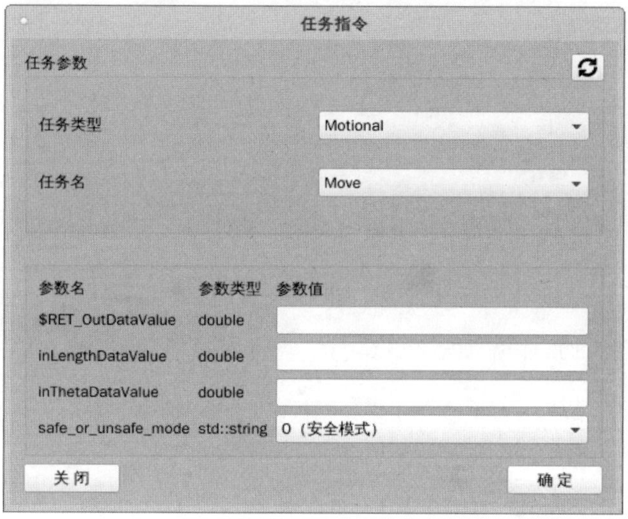

图 3.13　Move 任务

Move 任务的具体格式见表 3.5。

表 3.5　Move 任务

| 格式 | Move(double inLengthDataValue, double inThetaDataValue,std::string safe_or_unsafe_mode) | |
|---|---|---|
| 参数 | inLengthDataValue | 移动的距离，单位为 m（米） |
| | inThetaDataValue | 4 个取值，0，90，-90，180。其中 180 代表小车将向后后退，0 表示小车将向前运动，90 代表小车向左横移，-90 代表小车向右横移。如果小车不支持左右横移，输入的值将无效，小车停留在当前位置 |
| | safe_or_unsafe_mode | 安全模式，0 为安全模式，1 为非安全模式 |
| 示例 | Move( inLengthDataValue=2 inThetaDataValue=3.14 safe_of_unsafe_mode=0 (安全模式) ) | |
| 说明 | 以安全模式移动 2 m | |

（5）MoveTheta。

MoveTheta 任务用于控制智能移动平台旋转运动，在任务名下拉列表框中选择 MoveTheta，如图 3.14 所示。

图 3.14　MoveTheta 任务

MoveTheta 任务的具体格式见表 3.6。

表 3.6 MoveTheta 任务

| 格式 | MoveTheta(double inDataValue,std::string safe_or_unsafe_mode) | |
|---|---|---|
| 参数 | inDataValue | 转动角度，单位为度（-180 < theta <= 180），正值逆时针，负值顺时针运动 |
| | safe_or_unsafe_mode | 安全模式，0 为安全模式，1 为非安全模式 |
| 示例 | MoveTheta( inDataValue=3 safe_or_unsafe_mode=0 (安全模式) ) | |
| 说明 | 以安全模式旋转运动 | |

（6）Delay。

Delay 为延时模块，用于在相邻两条脚本语句之间添加延时，使用时在任务名下拉列表框中选择 Delay，如图 3.15 所示。

图 3.15 Delay 任务

Delay 任务的具体格式见表 3.7。

表 3.7 Delay 任务

| 格式 | Delay(double required_sleep_duration) | |
|---|---|---|
| 参数 | required_sleep_duration | 延时的时间，单位为 s（秒） |
| 示例 | Delay( required_sleep_duration=10 ) | |
| 说明 | 延时 10 s | |

（7）Dock。

Dock 为三角对接模块，设置三角对接的 Dock 点时，请注意要加上机器人一半车长，使用时在任务名下拉列表框中选择 Dock，如图 3.16 所示。

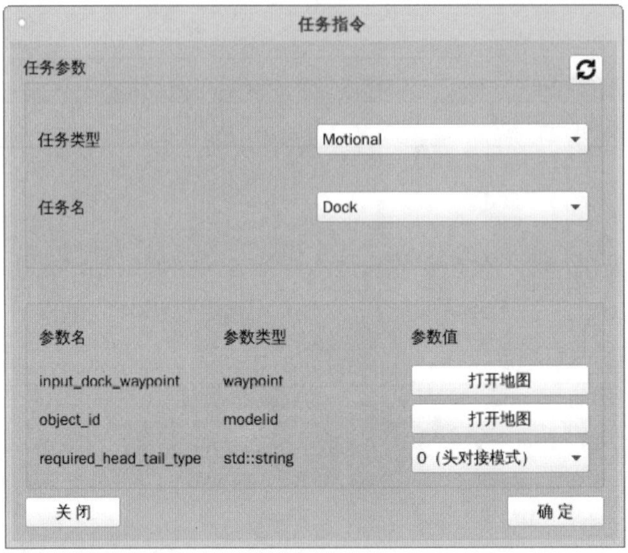

图 3.16　Dock 任务

Dock 任务的具体格式见表 3.8。

表 3.8　Dock 任务

| 格式 | Dock(waypoint input_dock_waypoint, modelid object_id,std::string required_head_tail_type) | |
|---|---|---|
| 参数 | input_dock_waypoint | 指定对接前要到达的航点 |
| | object_id | 指定需要对接的三角 ID |
| | required_head_tail_type | 0——机器人头部对接，1——机器人尾部对接 |
| 示例 | Dock( input_dock_waypoint=WP object_id=7 required_head_tail_type=0(头对接模式) ) | |
| 说明 | 以机器人头部对接模式到达 WP 航点，对接 ID 为 7 的三角 | |
| 步骤 | 1. 点击第一个打开地图按钮，打开交通图，右击鼠标选择航点作为对接前要到达的航点，关闭交通图界面回到当前页面<br>2. 点击第二个打开地图按钮，打开交通图，点击鼠标选择需要对接的三角的区域，关闭交通图界面回到当前页面<br>3. 选择机器人头部对接还是尾部对接，0 为头部对接，1 为尾部对接 | |

（8）Calibrate。

Calibrate 任务就是小车将扫描到的周围环境与地图进行强制匹配，从而达到更加清楚自己定位的功能；当实际所处的环境与建图时的环境变化会影响小车的精确定位时，则使用强制收敛使小车更加清楚自己定位。使用时在任务名下拉列表框中选择 Calibrate，如图 3.17 所示。

图 3.17　Calibrate 任务

Calibrate 任务的具体格式见表 3.9。

表 3.9　**Calibrate 任务**

| 格式 | Calibrate (int required_calibrate_times) | |
|---|---|---|
| 参数 | required_calibrate_times | 强制收敛的次数 |
| 示例 | Calibrate( int required_calibrate_times=2 ) | |
| 说明 | 强制收敛 2 次 | |

（9）Speak。

Speak 为语音播报功能，执行该任务，将会播报相应的语音输入内容。在任务名下拉列表框中选择 Speak，如图 3.18 所示。

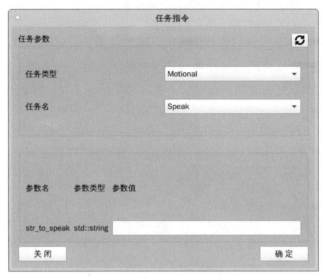

图 3.18　Speak 任务

Speak 任务的具体格式见表 3.10。

表 3.10　Speak 任务

| 格式 | Speak(std::string str_to_speak) | |
|---|---|---|
| 参数 | str_to_speak | 说话的内容 |
| 示例 | Speak( str_to_speak=str_to_speak ) | |
| 说明 | 播报 str_to_speak 语音输入内容 | |

（10）CommClient。

CommClient 为客户端通信功能，该任务作为客户端可以和相应的服务器进行通信。使用时在任务名下拉列表框中选择 CommClient，如图 3.19 所示。

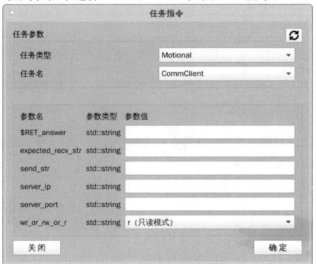

图 3.19　CommClient 任务

CommClient 任务的具体格式见表 3.11。

表 3.11 CommClient 任务

| 格式 | CommClient (std::string expected_recv_str, std::string send_str, std::string server_ip, std::string server_port, std::string wr_or_rw_r) | |
|---|---|---|
| 参数 | expected_recv_str | 期待收到的字符串 |
| | send_str | 发送给服务器的字符串 |
| | server_ip | 服务器端的 IP 地址 |
| | server_port | 服务器的端口号 |
| | wr_or_rw_r | 先写后读，rw——先读后写，r——只读 |
| 示例 | CommClient( expected_recv_str=recv send_str=send server_ip=ip server_port=port wr_or_rw_or_r=r (只读模式) ) | |
| 说明 | 以只读模式将字符串发给指定服务器 | |

（11）PathFollow。

PathFollow 为巡线模块，使用该任务需要将航路设置为巡线模式。在任务名下拉列表框中选择 PathFollow，如图 3.20 所示。

图 3.20 PathFollow 任务

PathFollow 任务的具体格式见表 3.12。

表 3.12　PathFollow 任务

| 格式 | PathFollow (std::string access_area_list, std::string follow_direction, double max_follow_vel, std::string safe_or_unsafe_mode) | |
|---|---|---|
| 参数 | access_area_list | 以地区，航路，地区，航路，地区，航路……的 id 顺序输入机器将要巡线的航路。 |
| | follow_direction | 机器巡线方向，取值为 0,1,2,3。其中 0 表示用头部向前进行巡线；1 表示横移向左进行巡线；2 表示将用尾部向后退巡线；3 表示横移向右进行巡线。注意：如果机器不是全向车，将不能进行横移向左、向右巡线 |
| | max_follow_vel | 巡线时的最大速度，该速度须小于机器的最大导航速度，如果填写的数值人于最人导航速度时，巡线的速度将会等于最大导航速度 |
| | safe_or_unsafe_mode | 安全模式，0 为安全模式，1 为非安全模式 |
| 示例 | PathFollow( access_area_list=access_area_list follow_direction=0 (前进巡线) max_follow_vel=10 safe_or_unsafe_mode=0 (安全模式) ) | |
| 说明 | 设置巡线方向，区域及最大速度以安全模式巡线 | |

### 2．逻辑指令

逻辑指令中，有 DECLARE（声明变量）；WHILE 和 End_WHILE（循环判断）；IF/ELSE 和 End_IF（条件判断）；LOOP 和 End_LOOP（循环次数设置）；CONTINUE 和 BREAK（用在循环过程中的继续与退出）。

（1）声明变量。

DECLARE 任务如图 3.21 所示。在每一个变量的使用前都需要先声明给变量赋初值，声明变量的过程如下：

①在任务名下拉列表框中选择 DECLARE。

②在参数名文本框中输入变量名。

③在类型下拉列表框中选择变量类型。

④在初值文本框中输入变量的初值，点击【确定】按钮。

图 3.21 声明变量

DECLARE 任务的具体格式见表 3.13。

表 3.13 DECLARE 任务

| 格式 | DECLARE(bool state) | |
|------|------|------|
| 参数 | state | 变量名 |
| 示例 | DECLARE bool $state=0 | |
| 说明 | 声明 bool 类型的 state 变量，并赋初值 0 | |

（2）添加 WHILE 任务。

WHILE 任务如图 3.22 所示。添加 WHILE 任务时左值的变量必须是已经声明的变量，WHILE 和 End_WHILE 必须成对出现，不然脚本语句会出现红色警告提示。具体操作步骤如下：

①任务名下拉列表中选择 WHILE。

②在变量名前需加上字符$，作为左值的变量，且选择左值变量的类型。

③输入右值，选择右值变量的类型。

图 3.22　添加 WHILE 任务

④判断语句如图 3.23 所示。可以通过【+】【-】按钮增加或减少条件数量，支持【&&】【||】【<】【≤】【==】【≥】【>】等操作符。

图 3.23　与、或关系

⑤在任务名下拉列表中选择 End-WHILE，如图 3.24 所示。

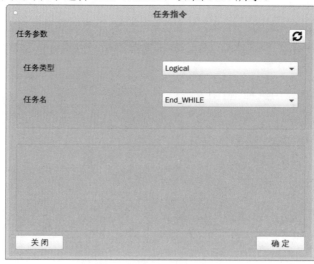

图 3.24　添加 End-WHILE

WHILE 任务的具体格式见表 3.14。

表 3.14　WHILE 任务

| 格式 | WHILE(judge) | |
|---|---|---|
| 参数 | judge | 判断条件 |
| 示例 | WHILE( $state==0 ) | |
| 说明 | 当 state 变量为 0 时，保持循环 | |

（3）添加 IF 任务。

添加 IF 任务的方法与添加 WHILE 任务的方法类似，同样需要注意的是：IF 和 End_IF 必须成对出现。具体步骤请参考添加 WHILE 任务。

IF 任务的具体格式见表 3.15。

表 3.15　IF 任务

| 格式 | IF(judge) | |
|---|---|---|
| 参数 | judge | 判断条件 |
| 示例 | IF( $state==1 ) | |
| 说明 | 当 state 变量为 1 时，执行 IF 和 End_IF 之间的语句 | |

（4）添加 LOOP 任务。

LOOP 任务如图 3.25 所示。它的功能就是设置循环次数，LOOP 任务必须跟 End_LOOP 成对出现，不然脚本语句会出现红色警告提示。

①在任务名下拉列表框中选中"LOOP"。

②在循环次数文本框中写入一个 int 类型的数值表示需要循环的次数，点击【确定】按钮。

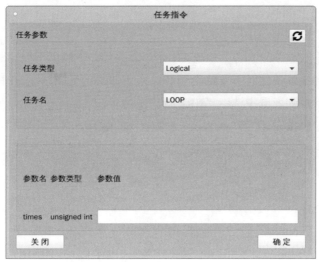

图 3.25　添加 LOOP 任务

③添加 End-LOOP 任务，如图 3.26 所示。

图 3.26　添加 End_LOOP 任务

LOOP 任务的具体格式见表 3.16。

表 3.16　LOOP 任务

| 格式 | LOOP (unsigned int times) | |
|---|---|---|
| 参数 | times | 循环次数 |
| 示例 | LOOP( times=100 ) | |
| 说明 | 运行一定次数后，停止循环 | |

（5）添加 BREAK 语句。

BREAK 任务如图 3.27 所示。BREAK 是中断语句，一般用于循环语句中，在脚本的运行过程中如达到某些条件时需要跳出循环，在条件语句后面添加 BREAK 任务。

①在任务名下拉列表框中选中"BREAK"。

②点击【确定】按钮。

图 3.27　BREAK 任务

（6）添加 CONTINUE 语句。

CONTINUE 任务如图 3.28 所示。它指的是继续功能，一般用于循环语句中，在脚本的运行过程中如达到某些条件时需要跳出本次循环进行下一次的循环，则在条件语句后面添加 CONTINUE 任务。

①在任务名下拉列表框中选中"CONTINUE"。

②点击【确定】按钮。

图 3.28　Continue 任务

（7）添加 SubFile 任务。

SubFile 任务用于在任务序列中插入子文件，UI 装载时展开成任务序列然后装载。使用时在任务名下拉列表框中选择 SubFile，如图 3.29 所示。

图 3.29　Subfile 任务

SubFile 任务的具体格式见表 3.17。

表 3.17　**SubFile 任务**

| 格式 | SubFile (std::string FileName) | |
|---|---|---|
| 参数 | FileName | 嵌套的脚本名称 |
| 示例 | SubFile( FileName=test2.script ) | |
| 说明 | 向任务序列中插入 test1.script 子文件 | |

### 3.3.4　编程示例

例：编写一段程序使移动机器人向前运动 1.5 m。

Move 指令编辑如图 3.30 所示，选择运动指令中的 Move，填写运动距离 "1.5" m，运动方向 "0" 为机器人正前方，默认选择安全模式运行。程序编写完成如图 3.31 所示。

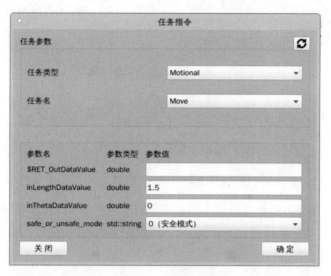

图 3.30　Move 指令编辑

图 3.31　程序完成示意图

## 3.4　编程调试

### 3.4.1　项目创建

（1）点击"编程模式"，在文件列表空白处点击鼠标右键选择添加新文件，如图 3.32 所示。

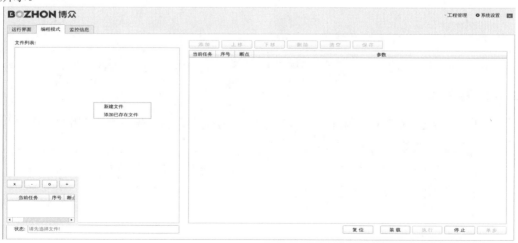

图 3.32　添加或新建文件

（2）选择"新建文件"后弹出对话框，如图 3.33 所示。

图 3.33　输入文件名

（3）输入新文件名点击【确定】，保存新建的脚本文件，完成新建项目。保存完成后，右击新建的脚本，可以进行删除操作，如图 3.34 所示。

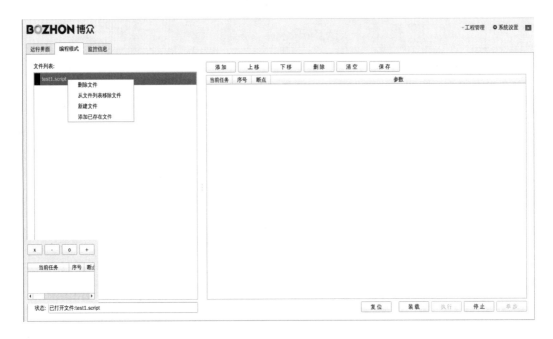

图 3.34　文件删除

### 3.4.2　程序编写

（1）单击【添加】按钮弹出"任务指令"，根据需要选择"任务类型"和"任务名"，单击【确定】完成添加任务指令，如图 3.35 所示。

（2）再次选择"任务类型"和"任务名"，单击【确定】完成添加下一个任务指令。

（3）程序编写完成点击【关闭】按钮，关闭"任务指令"。

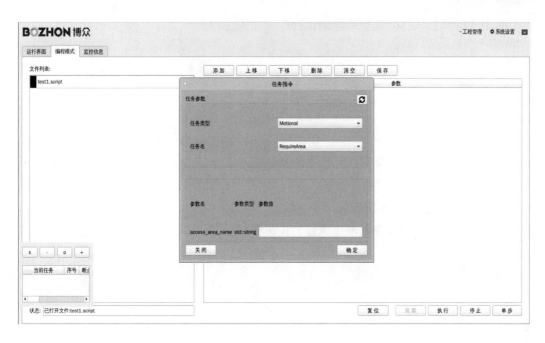

图 3.35　任务指令

### 3.4.3　项目调试

程序编写完成保存后，点击【装载】按钮，如图 3.36 所示。

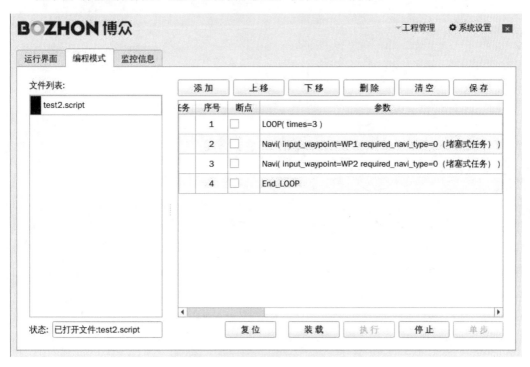

图 3.36　程序装载

单击【单步】按钮可依次单步调试程序，如图 3.37 所示。

| 当前任务 | 序号 | 断点 | 参数 | 状态 |
|---|---|---|---|---|
| → | 1 | ☐ | LOOP( times=3 ) | ready |
| | 2 | ☐ | Navi( input_waypoint=WP1 required_navi_type=0（堵塞式任务） ) | |
| | 3 | ☐ | Navi( input_waypoint=WP2 required_navi_type=0（堵塞式任务） ) | |
| | 4 | ☐ | End_LOOP | |

复位　装载　执行　停止　单步

图 3.37　单步调试程序

程序调试无误后，直接点击【执行】按钮运行程序。

# 第二部分  项目应用

## 第4章  基于手动操纵的基础运动项目

## 4.1  项目目的

### 4.1.1  项目背景

※ 基础运动项目要点分析

  智能移动机器人运行模式可以分为手动模式和自动模式。在手动模式下，智能移动机器人可以在手动操纵下进行运动，完成地图扫描、路径点记录、轨迹确认等工作。在自动模式下，智能移动机器人可以在调度系统或者自身程序的控制下执行对应的任务，如图4.1所示。

（a）扫描场景          （b）建立地图

图 4.1　移动机器人扫描

实现手动操纵移动机器人，不仅可以在移动机器人出现问题时快速移走机器人，而且在初次使用移动机器人时，需要灵活地手动操纵机器人在整个场景内移动扫描信息，建立地图。因此，学会手动操纵移动机器人十分重要，NEXT 机器人手动操纵主要通过键盘的上下左右键来控制，如图 4.2 所示。

图 4.2 手动操纵

### 4.1.2 项目需求

移动机器人在项目实际生产应用中首次运行时，需要工程师手动操纵移动机器人扫描工作区域完成生产地图的构建，灵活地操纵移动机器人在不同场景下完成自由运动十分重要。

### 4.1.3 项目目的

（1）了解移动机器人基本结构和工作原理。

（2）熟悉移动机器人的调试软件。

（3）掌握移动机器人的运动控制功能。

## 4.2 项目分析

### 4.2.1 项目构架

本项目主要是用户通过电脑端的机器人控制软件"bzrobot_ui"操作移动机器人完成前进、后退、左转、右转等运动，不依靠激光雷达、超声波等导航传感器。

笔记本电脑为控制端，移动机器人是执行机构，项目构架如图 4.3 所示。

控制端      执行机构

图 4.3 项目构架

### 4.2.2　项目流程

本项目主要流程如图 4.4 所示。

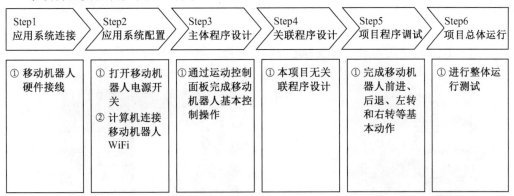

图 4.4　项目流程

## 4.3　项目要点

### 4.3.1　移动机器人基本结构

移动机器人集中了传感器技术、信息处理、电子工程、计算机工程、自动化控制工程及人工智能等多学科的研究成果，代表机电一体化的最高成就。NEXT 移动机器人主要由机械模块、驱动模块、感知模块、控制模块、通信模块和人机交互模块 6 部分构成，如图 4.5 所示。NEXT 移动机器人还可以在此基础上添加储物模块、搬运模块等，以满足不同的生产服务需求。

（1）机械模块：机械模块是指 NEXT 移动机器人组装的外壳和支架，起支撑作用。其主要包括 NEXT 移动机器人的车体和各个元器件的安装支架等机械零部件，是 NEXT 移动机器人的组成基础，如图 4.5（a）所示。

（2）驱动模块：驱动模块主要由 NEXT 移动机器人的电池、运动控制板、驱动器、驱动电机等构成，是 NEXT 移动机器人最主要的系统之一。驱动系统直接决定了 NEXT 移动机器人的运行性能，如图 4.5（b）所示。

（3）感知模块：感知模块主要包括激光扫描仪、超声波传感器等。其主要由一个或多个传感器组成，用来获取内部和外部环境中的有用信息，通过这些信息确定机械部件各部分的运行轨迹、速度、位置和外部环境状态，使机械部件的各部分按预定程序或者工作需要进行动作。这些传感器的使用提高了 NEXT 移动机器人的机动性、适应性和智能化水平，如图 4.5（c）所示。

（4）控制模块：控制模块主要包括 NEXT 移动机器人的控制主板和外部按钮。其任务是使 NEXT 移动机器人根据作业指令程序，以及从传感器反馈回来的信号完成规定的运动和功能，是 NEXT 移动机器人的大脑，如图 4.5（d）所示。

（5）人机交互模块：人机交互模块主要包括按钮、显示屏、指示灯和扬声器等元器件。其主要功能是使操作人员参与 NEXT 移动机器人控制，并与 NEXT 移动机器人进行信息连接，如图 4.5（e）所示。

（6）通信模块：通信模块主要是指 NEXT 移动机器人中的路由器等通信设备，其功能是控制系统通过路由器与外部设备进行通信连接，如图 4.5（f）所示。

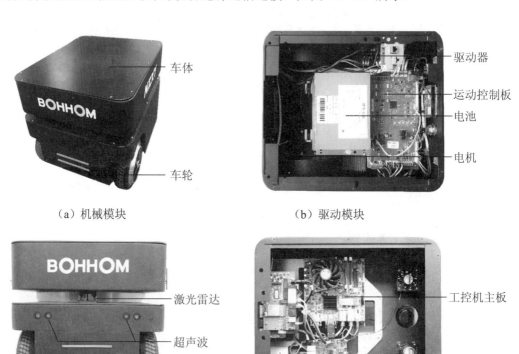

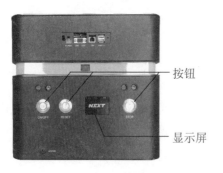

（a）机械模块　　　　　　　　　　　（b）驱动模块

（c）感知模块　　　　　　　　　　　（d）控制模块

（e）人机交互模块　　　　　　　　　（f）通信模块

图 4.5　移动机器人基本结构

### 4.3.2 双轮差速运动

双轮差速运动是指通过改变两个驱动轮之间的速度差来变换运动方向的一种运动方式。本书以 3 种运动模式来分析，分别是前进、后退和原地旋转。

#### 1. 前进

前进包括前进左转、前进直行和前进右转。两个轮子运动方向向前且速度大小 $v_1 = v_2$，可以实现前进直行；两个轮子运动方向向前且速度大小 $v_1 < v_2$，可以实现前进左转；两个轮子运动方向向前且速度大小 $v_1 > v_2$，可以实现前进右转，如图 4.6 所示。

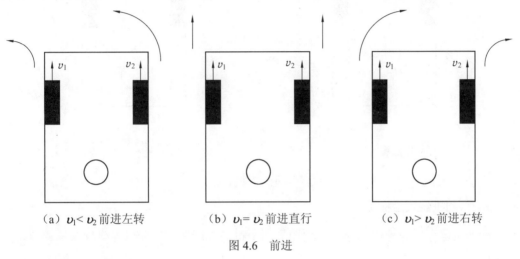

（a）$v_1 < v_2$ 前进左转　　（b）$v_1 = v_2$ 前进直行　　（c）$v_1 > v_2$ 前进右转

图 4.6　前进

#### 2. 后退

后退包括后退左转、后退直行和后退右转。两个轮子运动方向向后且速度大小 $v_1 = v_2$，可以实现后退直行；两个轮子运动方向向后且速度大小 $v_1 < v_2$，可以实现后退左转；两个轮子运动方向向后且速度大小 $v_1 > v_2$，可以实现后退右转，如图 4.7 所示。

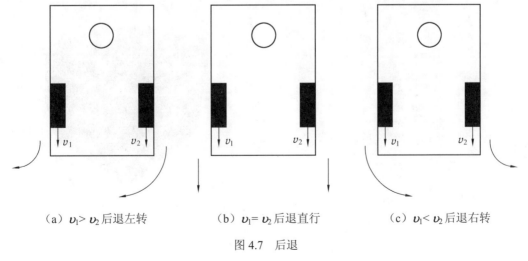

（a）$v_1 > v_2$ 后退左转　　（b）$v_1 = v_2$ 后退直行　　（c）$v_1 < v_2$ 后退右转

图 4.7　后退

### 3. 原地旋转

原地旋转包括顺时针旋转和逆时针旋转。当左轮运动方向向前、右轮运动方向向后，且速度大小 $v_1 = v_2$ 时，移动机器人将会原地顺时针旋转；当左轮运动方向向后、右轮运动方向向前，且速度大小 $v_1 = v_2$ 时，移动机器人将会原地逆时针旋转，如图 4.8 所示。

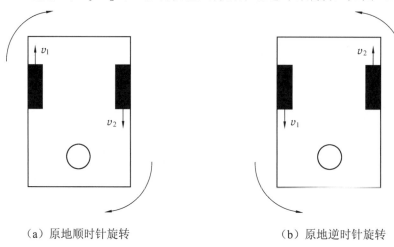

（a）原地顺时针旋转　　　　　　　（b）原地逆时针旋转

图 4.8　原地旋转

### 4.3.3　移动机器人坐标系

移动机器人完成地图创建后，地图界面上机器人所在位置即世界坐标系的原点，如图 4.10（a）所示。

在地图编辑中还会用到父坐标系，父坐标系主要是为了方便建立相对位置关系，可以选择地图的世界坐标系，或者航点的坐标系作为父坐标系。

移动机器人本体的坐标系原点 $O$ 为激光雷达中心点，激光雷达的正前方是 $X$ 轴的正方向，左前方是 $Y$ 轴的正方向，如图 4.9（b）所示。

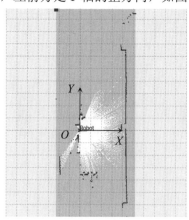

（a）地图世界坐标系　　　　　　　（b）机器人直角坐标系

图 4.9　坐标系

# 4.4　项目步骤

## 4.4.1　应用系统连接

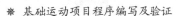

※　基础运动项目程序编写及验证

NEXT 智能移动机器人主要由上下两层组成，如图 4.10 所示。其中上层设计主要以工控机为主，下层主要以运动控制板为主。与上层工控机直接相连的传感器有激光雷达、IMU、路由器等，与下层运动控制板直接相连的有扬声器和超声波传感器等，如图 4.11 所示。

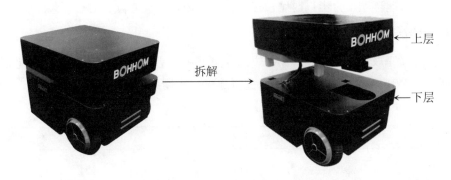

图 4.10　NEXT 智能移动机器人

IMU 指的是惯性测量单元，大多用在需要进行运动控制的设备，是测量物体三轴姿态角（或角速率）及加速度的装置。一个 IMU 包含了 3 个单轴的加速度计和 3 个单轴的陀螺，加速度计检测物体在载体坐标系统独立三轴的加速度信号，而陀螺检测载体相对于导航坐标系的角速度信号，测量物体在三维空间中的角速度和加速度，并以此计算出物体的姿态。

激光雷达以激光作为信号源，由激光器向目标发射出脉冲激光，引起散射，一部分光波会反射到激光雷达的接收器上，然后将反射的信号与发射信号进行比较，做适当处理后，就可获得目标的有关信息，如目标距离、高度、速度、姿态、形状等参数。

路由器主要完成移动机器人与外部设备的通信连接任务。

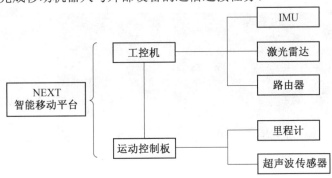

图 4.11　NEXT 智能移动平台基本组织关系

　　超声波传感器是将超声波信号转换成其他能量信号（通常是电信号）的传感器。超声波是震动频率高于 20 kHz 的机械波，具有频率高、波长短、绕射现象小，特别是方向性好、能够成为射线而定向传播等特点。超声波对液体、固体穿透能力很强，尤其在不透明的固体中，碰到杂质或分界面会产生显著反射，形成反射回波，碰到活动物体能产生多普勒效应。超声波传感器广泛应用于工业、国防、生物医学等方面。

　　里程计是测量行程的装置，针对双轮差动移动机器人平台，根据安装在左右两个驱动轮上的光电编码器来检测车轮在一定时间内转过的弧度，从而计算机器人相对位姿的变化。

　　NEXT 智能移动平台出厂时硬件接线已经完成，因此本项目过程无须重新连接。

### 4.4.2　应用系统配置

　　硬件连接完成后，需要将 NEXT 机器人电源打开，等待 20 s 左右，使用笔记本电脑连接其无线 WIFI，完成电脑与其通信配置连接。应用系统配置步骤见表 4.1。

表 4.1　应用系统配置

| 序号 | 图片示例 | 操作步骤 |
|---|---|---|
| 1 | | 按下机器人车体上的 ON/OFF 电源开关，指示光圈发光即代表正常开机，正常开机后屏幕同步显示为"NEXT"图文 |
| 2 | | 等待 20 s 左右，打开电脑右下角无线网络，找到 WIFI 名称为 NEXT-XXX（本项目移动机器人 WIFI 名称为 NEXT-005）。单击【连接】按钮连接无线网络 |

续表 4.1

| 序号 | 图片示例 | 操作步骤 |
|------|---------|---------|
| 3 | 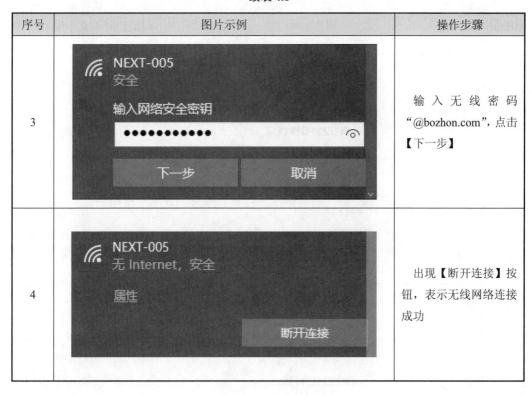 | 输入无线密码 "@bozhon.com"，点击 【下一步】 |
| 4 | 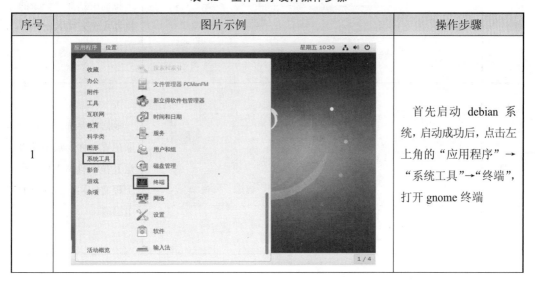 | 出现【断开连接】按钮，表示无线网络连接成功 |

### 4.4.3　主体程序设计

本项目主体程序设计主要完成项目创建，通过运动控制面板操作移动机器人，完成前进、后退、左转、右转等运动过程。主体程序设计操作步骤见表 4.2。

表 4.2　主体程序设计操作步骤

| 序号 | 图片示例 | 操作步骤 |
|------|---------|---------|
| 1 | 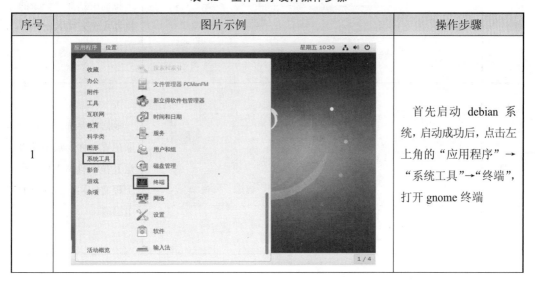 | 首先启动 debian 系统，启动成功后，点击左上角的"应用程序"→ "系统工具"→"终端"， 打开 gnome 终端 |

续表 4.2

| 序号 | 图片示例 | 操作步骤 |
|---|---|---|
| 2 | haiduxueyuan@debian: ~<br>文件(F) 编辑(E) 查看(V) 搜索(S) 终端(T) 帮助(H)<br>haiduxueyuan@debian:~$ natrium<br><br>**BOZHON 博众**<br>机器人名：<br>密码：<br>服务器IP地址：　．．．<br>序列号：<br>登录　　退出 | 打开 Xfce 终端后输入"natrium"，点击【ENTER】键，弹出主控 UI 界面 |
| 3 | **BOZHON 博众**<br>机器人名：NEXT005<br>密码：●●●●●<br>服务器IP地址：192.168.168.10<br>序列号：<br>登录　　退出 | 首次登录时在"机器人名"一栏中填写自定义名称"NEXT005"，填入默认密码"bohhom"及服务器 IP 地址"192.168.168.10"，点击【登录】。非首次登录时可在"机器人名"下拉框中选择要登录的机器人名，填入密码，点击【登录】 |
| 4 | 提示<br>是否拉取配置文件？<br>确定　取消 | 根据需要选择是否拉取配置文件。点击【确定】，拉取机器人端所有工程文件同步到软件的电脑端 |

续表 4.2

| 序号 | 图片示例 | 操作步骤 |
|------|----------|----------|
| 5 |  | 进入主界面 |
| 6 |  | 点击右上角【工程管理】选项，单击【运动控制】选项 |
| 7 |  | 进入运动控制界面 |

续表 4.2

| 序号 | 图片示例 | 操作步骤 |
|---|---|---|
| 8 | 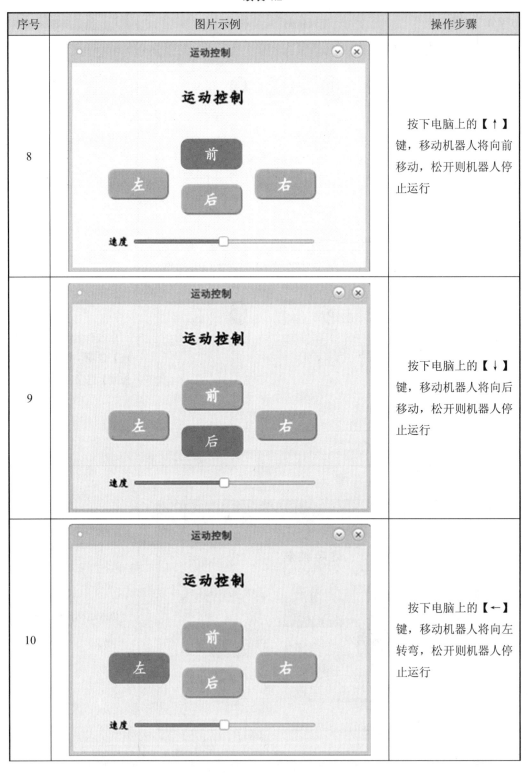 | 按下电脑上的【↑】键，移动机器人将向前移动，松开则机器人停止运行 |
| 9 | | 按下电脑上的【↓】键，移动机器人将向后移动，松开则机器人停止运行 |
| 10 | | 按下电脑上的【←】键，移动机器人将向左转弯，松开则机器人停止运行 |

续表 4.2

| 序号 | 图片示例 | 操作步骤 |
|---|---|---|
| 11 | 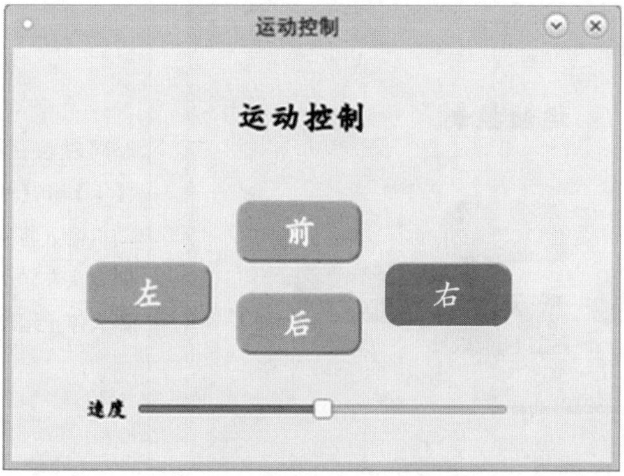 | 按下电脑上的【→】键，移动机器人将向右转弯，松开则机器人停止运行 |
| 12 | 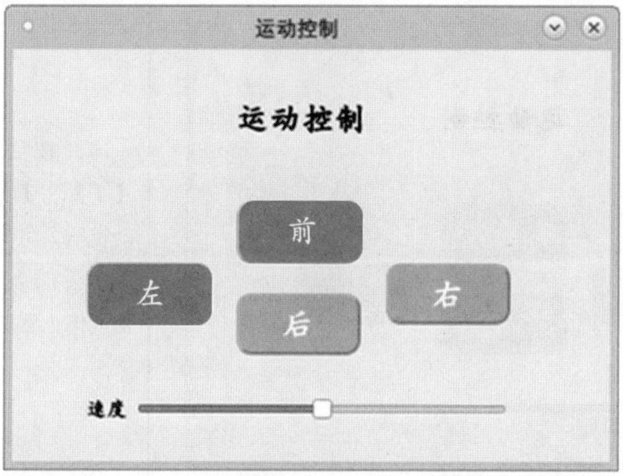 | 同时按住电脑上的【↑】和【←】键，移动机器人将向前左转，松开则机器人停止运动 |
| 13 | 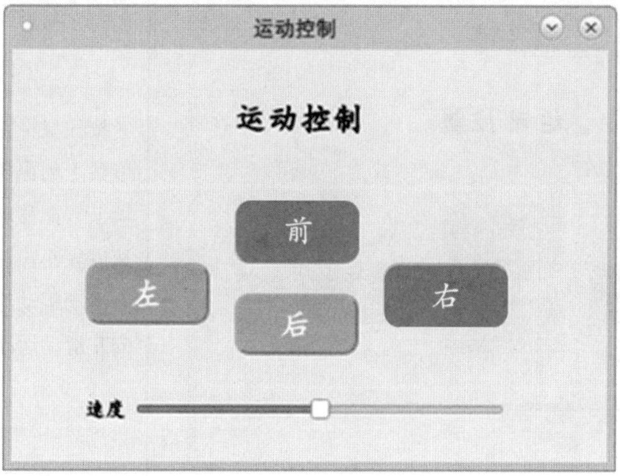 | 同时按住电脑上的【↑】和【→】键，移动机器人将向前右转，松开则机器人停止运动 |

续表 4.2

| 序号 | 图片示例 | 操作步骤 |
|---|---|---|
| 14 | 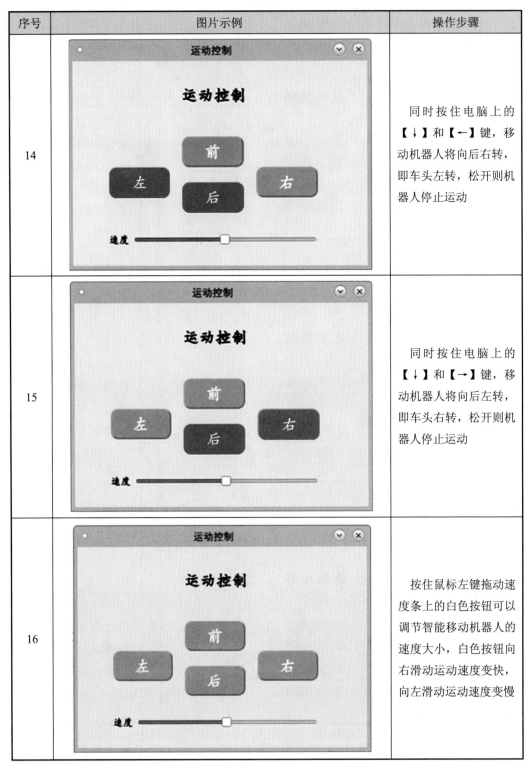 | 同时按住电脑上的【↓】和【←】键，移动机器人将向后右转，即车头左转，松开则机器人停止运动 |
| 15 | | 同时按住电脑上的【↓】和【→】键，移动机器人将向后左转，即车头右转，松开则机器人停止运动 |
| 16 | | 按住鼠标左键拖动速度条上的白色按钮可以调节智能移动机器人的速度大小，白色按钮向右滑动运动速度变快，向左滑动运动速度变慢 |

72

### 4.4.4　关联程序设计

本项目无关联程序设计。

### 4.4.5　项目程序调试

项目程序调试主要通过控制面板操作移动机器人实现基本的前进、后退、左转、右转等动作，查看移动机器人是否按照操作动作执行。项目程序调试步骤见表4.3。

**表 4.3　项目程序调试**

| 序号 | 图片示例 | 操作步骤 |
|:---:|:---:|:---:|
| 1 |  | 点击右上角"工程管理"选项，单击"运动控制"选项 |
| 2 | | 进入运动控制界面 |

续表 4.3

| 序号 | 图片示例 | 操作步骤 |
|---|---|---|
| 3 | 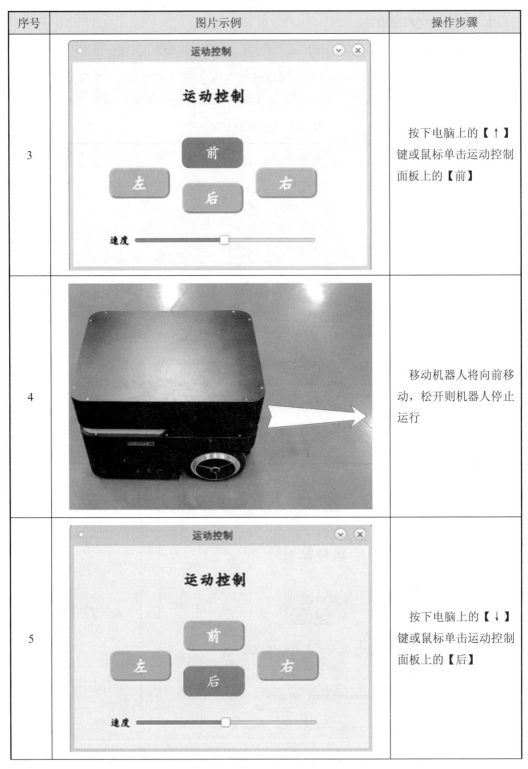 | 按下电脑上的【↑】键或鼠标单击运动控制面板上的【前】 |
| 4 | | 移动机器人将向前移动，松开则机器人停止运行 |
| 5 | | 按下电脑上的【↓】键或鼠标单击运动控制面板上的【后】 |

续表 4.3

| 序号 | 图片示例 | 操作步骤 |
|---|---|---|
| 6 |  | 移动机器人将向后移动，松开则机器人停止运行 |
| 7 |  | 按下电脑上的【←】键或鼠标单击运动控制面板上的【左】 |
| 8 |  | 移动机器人将向左转弯，松开则机器人停止运行 |

续表 4.3

| 序号 | 图片示例 | 操作步骤 |
|------|----------|----------|
| 9 |  | 按下电脑上的【→】键或鼠标单击运动控制面板上的【右】 |
| 10 | | 移动机器人将向右转弯，松开则机器人停止运行 |
| 11 | | 向右拖动速度滑块，移动机器人运动速度增加，向左拖动速度滑块移动机器人运动速度减小 |

76

## 4.4.6　项目总体运行

项目总体运行，即通过操作运动控制面板完成移动机器人向前左转、向前右转、向后左转、向后右转等动作。项目总体运行的具体步骤见表 4.4。

表 4.4　项目总体运行

| 序号 | 图片示例 | 操作步骤 |
|:---:|:---:|:---:|
| 1 | 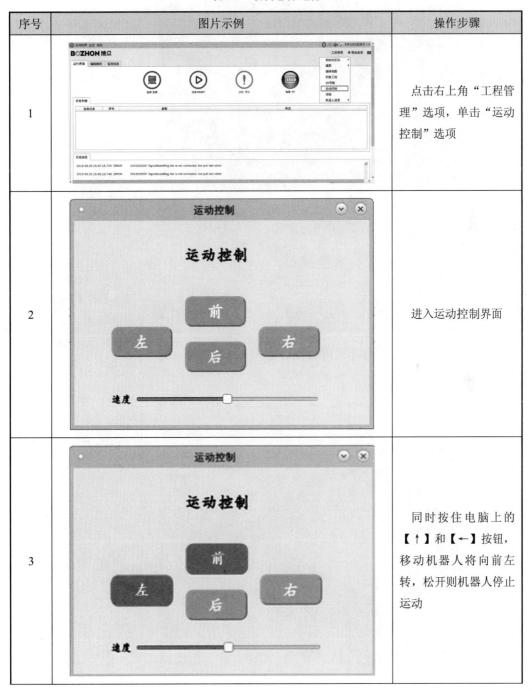 | 点击右上角"工程管理"选项，单击"运动控制"选项 |
| 2 | | 进入运动控制界面 |
| 3 | | 同时按住电脑上的【↑】和【←】按钮，移动机器人将向前左转，松开则机器人停止运动 |

续表 4.4

| 序号 | 图片示例 | 操作步骤 |
|---|---|---|
| 4 | 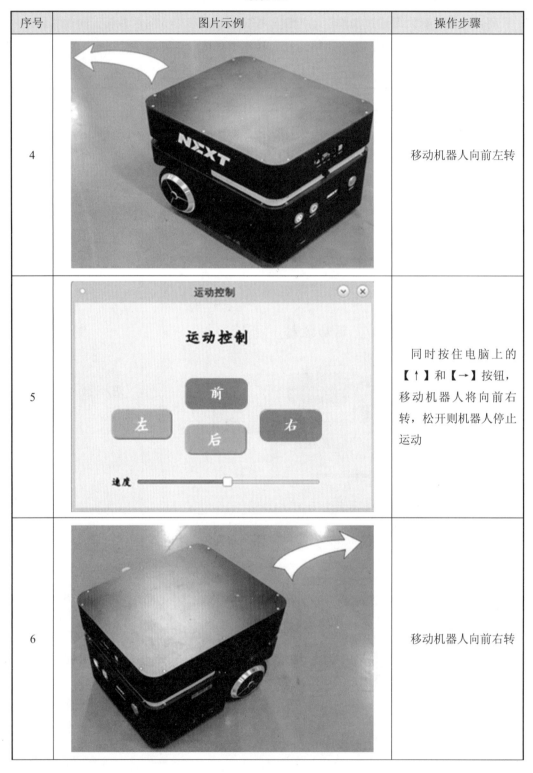 | 移动机器人向前左转 |
| 5 | | 同时按住电脑上的【↑】和【→】按钮，移动机器人将向前右转，松开则机器人停止运动 |
| 6 | | 移动机器人向前右转 |

续表 4.4

| 序号 | 图片示例 | 操作步骤 |
|---|---|---|
| 7 | 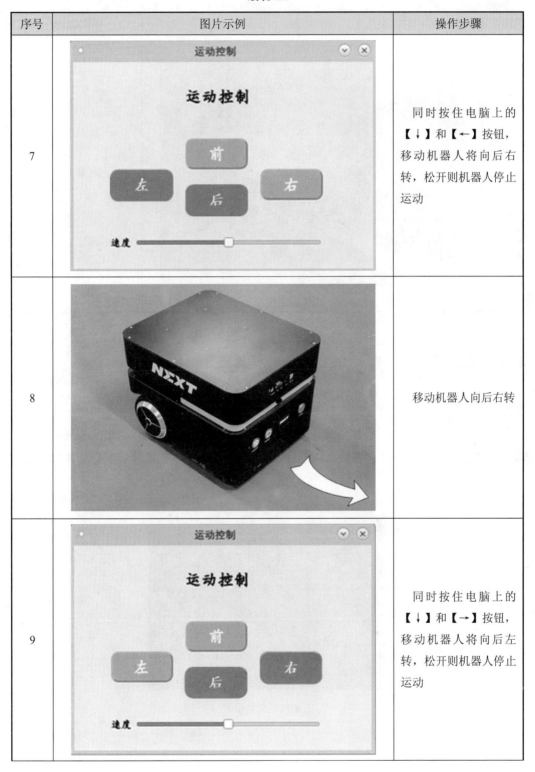 | 同时按住电脑上的【↓】和【←】按钮，移动机器人将向后右转，松开则机器人停止运动 |
| 8 | | 移动机器人向后右转 |
| 9 | | 同时按住电脑上的【↓】和【→】按钮，移动机器人将向后左转，松开则机器人停止运动 |

续表 4.4

| 序号 | 图片示例 | 操作步骤 |
|------|----------|----------|
| 10 | 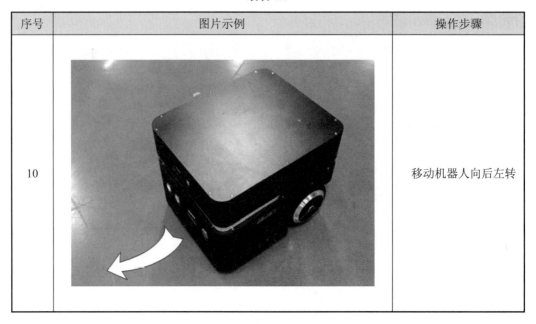 | 移动机器人向后左转 |

## 4.5　项目验证

### 4.5.1　效果验证

NEXT 移动机器人可以根据操作者的控制实现直行向前、直行后退、左转、右转，以指定姿态到达相应位置。机器人的起始位置如图 4.12 所示，运行效果如图 4.13 所示。

图 4.12　起始位置

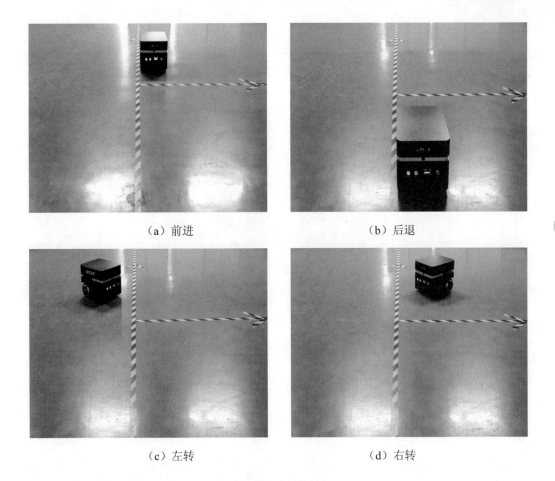

（a）前进　　　　　　　　　　　（b）后退

（c）左转　　　　　　　　　　　（d）右转

图 4.13　运行效果

## 4.5.2　数据验证

本项目数据验证如图 4.14 所示。

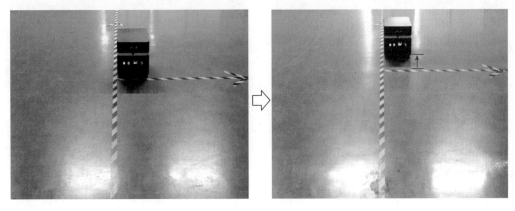

（a）前进

图 4.14　数据验证

（b）后退

（c）左转

（d）右转

续图 4.14

## 4.6　项目总结

### 4.6.1　项目评价

完成本项目基本训练后，填写项目评价表（表 4.5），记录项目完成进度。

表 4.5　项目评价表

| 项目评价表 | | 自评 | 互评 | 完成情况说明 |
|---|---|---|---|---|
| 项目分析 | 1. 硬件构架分析 | | | |
| | 2. 软件构架分析 | | | |
| | 3. 项目流程分析 | | | |
| 项目要点 | 1. 移动机器人基本结构 | | | |
| | 2. 双轮差速运动 | | | |
| | 3. 移动机器人坐标 | | | |
| 项目步骤 | 1. 应用系统连接 | | | |
| | 2. 应用系统配置 | | | |
| | 3. 主体程序设计 | | | |
| | 4. 关联程序设计 | | | |
| | 5. 项目程序调试 | | | |
| | 6. 项目运行调试 | | | |
| 项目验证 | 1. 效果验证 | | | |
| | 2. 数据验证 | | | |

## 4.6.2　项目拓展

项目拓展 1：操作移动机器人完成 S 形曲线运动，如图 4.15 所示。

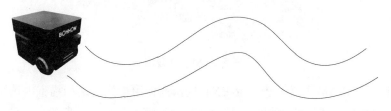

图 4.15　S 形曲线运动

项目拓展 2：在教室或者地面相对平整的生产车间完成移动机器人的基本运动，熟练躲避课桌、柱子等障碍物。

项目拓展 3：利用移动机器人运输一件物体，手动操纵机器人完成物品的运送，熟悉移动机器人的工作流程。

# 第5章 基于SLAM技术的地图创建项目

## 5.1 项目目的

### 5.1.1 项目背景

※ 地图创建项目要点分析

　　近年来，随着智能领域的快速发展，传统的利用磁钉、磁条、反光板等外部辅助设备引导的移动机器人，仅适用于单一环境，已经不能满足部分生产生活的需求。基于SLAM（Simultaneous Localization And Mapping）技术导航的智能移动机器人以其灵活柔性的导航及路径规划方式进入了日常生活。特别适用于移动障碍物较多的应用场景，例如酒店，采用SLAM导航的移动机器人就可以先在酒店中建立地图，自主规划路径、自动避开顾客、自由穿行，完成相应的客户服务，提升用户体验。

图 5.1　SLAM 建图

　　本项目利用 SLAM 技术，基于 NEXT 机器人使用激光雷达扫描室内场景，如图 5.2 所示，建立地图并对建好的地图进行编辑，设立地区、航点、航路等。

图 5.2　室内场景

### 5.1.2　项目需求

能够操纵移动机器人完成室内场景下的地图创建与编辑功能任务。地图创建与编辑是移动机器人进行自主导航运行的重要步骤。移动机器人边行驶边记忆，学习新的路径，存储已学习的路径，在相同场景下，可以智能选出最佳路径完成工作任务。

### 5.1.3　项目目的

（1）了解智能移动机器人导航原理。

（2）掌握智能移动机器人的地图创建与编辑。

（3）掌握智能移动机器人地图初始化定位应用。

## 5.2　项目分析

### 5.2.1　项目构架

本项目主要是在不具备周围环境信息的前提下，让移动机器人在运动过程中根据自身携带的激光雷达对周围环境的感知进行自身定位，激光雷达将采集到的环境信息传递给控制器，信号同时增量式构建周围环境地图。SLAM 可以提高移动机器人的自主能力和环境适应能力，实现在未知环境中进行自主定位和导航。项目构架如图 5.3 所示。

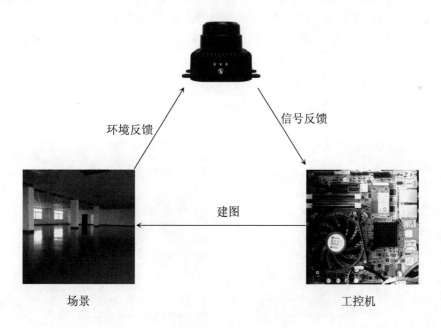

环境反馈

信号反馈

建图

场景

工控机

图 5.3　项目构架

### 5.2.2　项目流程

本项目主要流程如图 5.4 所示。

85

| Step1<br>应用系统连接 | Step2<br>应用系统配置 | Step3<br>主体程序设计 | Step4<br>关联程序设计 | Step5<br>项目程序调试 | Step6<br>项目总体运行 |
|---|---|---|---|---|---|
| ① 移动机器人<br>硬件接线 | ① 打开移动机器人电源开关<br>② 计算机连接移动机器人WiFi | ① 操纵移动机器人实时扫描场景建立地图 | ① 进行编辑地图，建立航点等步骤 | ① 操纵移动机器人在实物场景内移动，查看移动机器人在地图中的位置和实物场景中的位置是否匹配 | ① 进行整体运行测试 |

图 5.4　项目流程

## 5.3　项目要点

### 5.3.1　移动机器人的导航原理

目前，常用的 SLAM 技术主要分为两类，一类是基于视觉传感器的视觉 SLAM，另一类是基于激光传感器的激光 SLAM。

视觉 SLAM 专指利用摄像机、Kinect 等深度相机来做室内导航和探索。到目前为止，室内的视觉 SLAM 仍处于研究阶段，远未到大规模应用的程度，一方面，编写和使用视觉 SLAM 需要大量的专业知识，算法的实时性未达到实用要求，另一方面，视觉 SLAM 生成的地图不能用来做机器人的路径规划，需要进一步探索和研究。

与视觉 SLAM 不同的是，激光 SLAM 技术已较为成熟，也是目前为止最稳定、最可靠的高性能导航技术。SLAM 技术地图构建原理如图 5.5 所示。

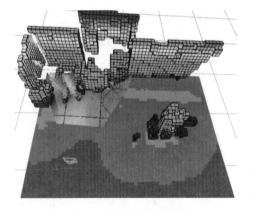
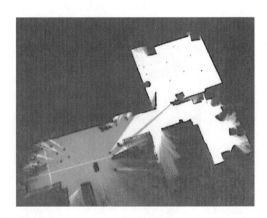

（a）视觉 SLAM　　　　　　　　　　（b）激光 SLAM

图 5.5　SLAM 技术地图构建原理

基于 2D 激光雷达的 SLAM 技术导航中，机器人在运动过程中通过编码器结合 IMU 计算得到里程计信息，运用机器人的运动模型得到机器人的位姿初估计，然后通过机器人装载的激光传感器获取的激光数据结合观测模型（激光的扫描匹配）对机器人位姿进行精确修正，得到机器人的精确定位，最后在精确定位的基础上，将激光数据添加到栅格地图中，反复修正，机器人在环境中运动，最终完成整个场景地图的构建。

### 5.3.2　地图创建与编辑

在完成场景地图构建后，需要在所构建的地图基础上进行基于地图的位置和路径规划来实现智能移动机器人的导航。智能移动机器人在运动过程中，通过里程计信息结合激光传感器获取的激光数据与地图进行匹配，不断地实时获取智能移动机器人在地图中的精确位姿，同时，根据当前位置与任务目的地进行路径规划（动态路线或固定路线，且每次的路线都略微不同），根据规划的轨迹给智能移动机器人发送控制指令，使智能移动机器人实现自动行驶，如图 5.6 所示。

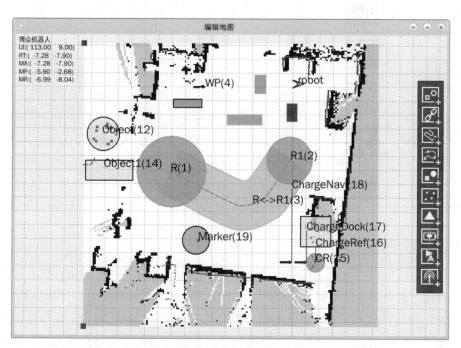

图 5.6　地图编辑

图 5.6 中，右侧图标从上到下依次为建立地区、插入地区、新建航路、新建航点、新建地貌、建立点集物体、建立三角物体、建立充电区域、建立反光胶贴标志、建立 UWB（Ultra Wide Band，超宽带技术）基站组，新建子菜单说明见表 5.1。

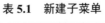

表 5.1　新建子菜单

| 序号 | 图片示例 | 说　　明 |
|---|---|---|
| 1 | | 建立地区 |
| 2 | | 插入地区 |
| 3 | | 新建航路 |
| 4 | | 新建航点 |
| 5 | | 新建地貌 |
| 6 | | 建立点集物体 |
| 7 | | 建立三角物体 |
| 8 | | 建立充电区域 |
| 9 | | 建立反光胶贴标志 |
| 10 | | 建立 UWB 基站组 |

### 5.3.3　地图的初始化定位

　　建立好地图后，当地图上移动机器人位置不正确时，需要判断移动机器人大致所在位置并与建好的地图进行匹配，完成初始化定位，将机器人系统位置与实际位置匹配上。

　　NEXT 智能移动机器人初始化定位功能有两种，包括智能初始化定位和强制初始化定位。强制初始化定位需要机器人的准确位置，智能初始化定位对机器人的位置要求不高，可存在一定的误差。

　　（1）当地图上小车位置不正确时，如图 5.7 所示。需要判断机器大致所在位置并左键点击地图上对应点，按住左键移动鼠标给定方向完成初始化定位。

　　注意：在强制定位中，给定方向需与机器实际方向完全一致；智能定位中方向不做规定。

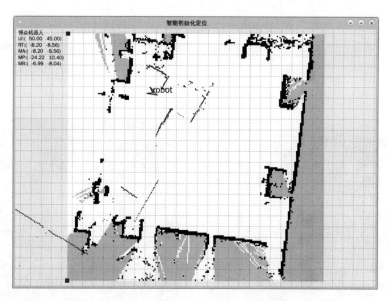

图 5.7　机器人与实际位置不匹配

（2）右击选中初始化定位后可以重复步骤（1）重新进行初始化定位，直至机器周围激光点与地图环境完全匹配完成定位，如图 5.8 所示。

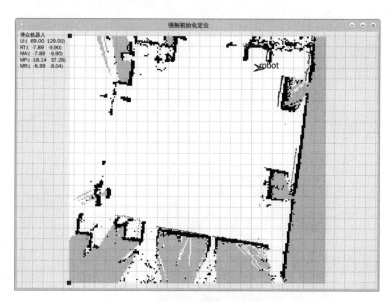

图 5.8　位置匹配

## 5.4　项目步骤

### 5.4.1　应用系统连接

本项目需要使用激光雷达扫描室内场景，将扫描数

※　地图创建项目程序编写及验证

据发送给工控机，由工控机完成室内地图的构建。硬件接线主要是完成将激光雷达与工控机，驱动电机与运动控制板，运动控制板与工控机，路由器与工控机等的连接。

NEXT 智能移动平台设备出厂时硬件线路已经连接好，如图 5.9 所示，所以本项目无须重新连接。

（a）工控机及激光雷达接线图　　　　　（b）运动控制板及驱动电机接线图

图 5.9　NEXT 智能移动平台内部接线图

### 5.4.2　应用系统配置

硬件连接完成后，需要将机器人电源打开，使用笔记本电脑与移动机器人配置连接。应用系统配置步骤见表 5.2。

表 5.2　应用系统配置步骤

| 序号 | 图片示例 | 操作步骤 |
|---|---|---|
| 1 |  | 按下机器人车体上的 ON/OFF 电源开关，指示光圈发光即代表正常开机，正常开机后屏幕同步显示为"NEXT"图文 |

续表 5.2

| 序号 | 图片示例 | 操作步骤 |
|---|---|---|
| 2 |  NEXT-005<br>安全<br>✓ 自动连接<br>连接 | 等待 30 s 左右，打开电脑右下角无线网络，找到 WIFI 名称为 NEXT-XXX（本项目移动机器人 WIFI 名称为 NEXT-005）。单击【连接】按钮连接无线网络 |
| 3 |  NEXT-005<br>安全<br>输入网络安全密钥<br>●●●●●●●●●●●●●　⊙<br>下一步　　取消 | 输入无线密码"@bozhon.com"，点击下一步 |
| 4 |  NEXT-005<br>无 Internet，安全<br>属性<br>断开连接 | 出现"断开连接"字样，表示无线网络连接成功 |

### 5.4.3　主体程序设计

主体程序主要是通过小车扫描场景建立地图，并将扫描到的元素添加到地图中，使小车记住地形，有助于小车定位和运动，地图创建步骤见表 5.3。

表 5.3　地图创建步骤

| 序号 | 图片示例 | 操作步骤 |
|---|---|---|
| 1 | 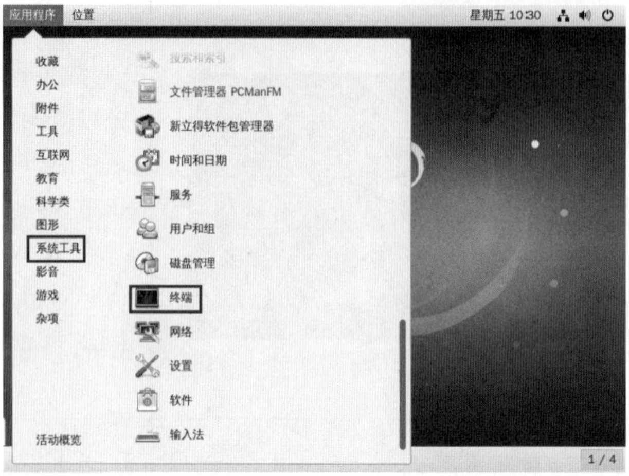 | 首先启动 debian 系统，启动成功后，点击左上角的"应用程序"→"系统工具"→"终端"。打开 gnome 终端 |
| 2 | 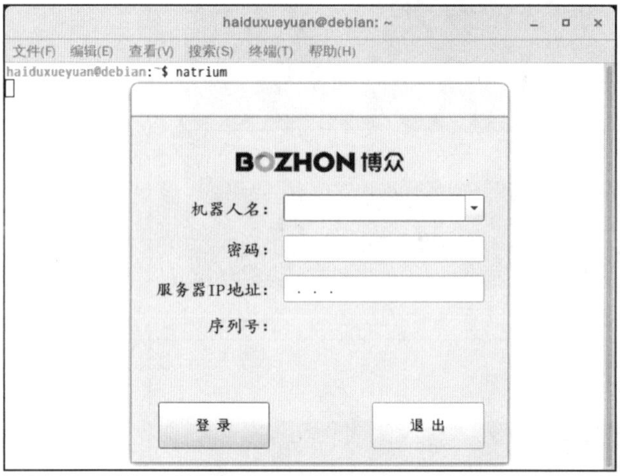 | 打开 Xfce 终端后输入"natrium"点击【ENTER】键，弹出主控 UI 界面 |
| 3 |  | 首次登录时在"机器人名"一栏中填写自定义名称"NEXT005"，填入默认密码"bohhom"及服务器 IP 地址"192.168.168.10"，点击【登录】。非首次登录时可在"机器人名"下拉框中选择要登录的机器人名，填入密码，点击【登录】 |

续表 5.3

| 序号 | 图片示例 | 操作步骤 |
|---|---|---|
| 4 |  | 根据需要选择是否拉取配置文件。点击【确定】,拉取机器人端所有工程文件同步到 UI 的电脑端 |
| 5 | 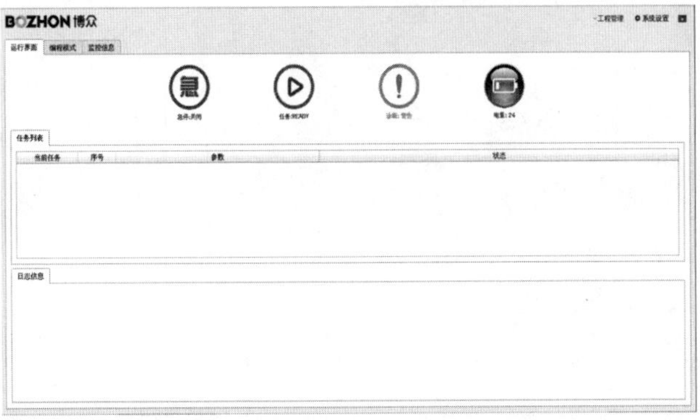 | 进入主界面 |
| 6 | 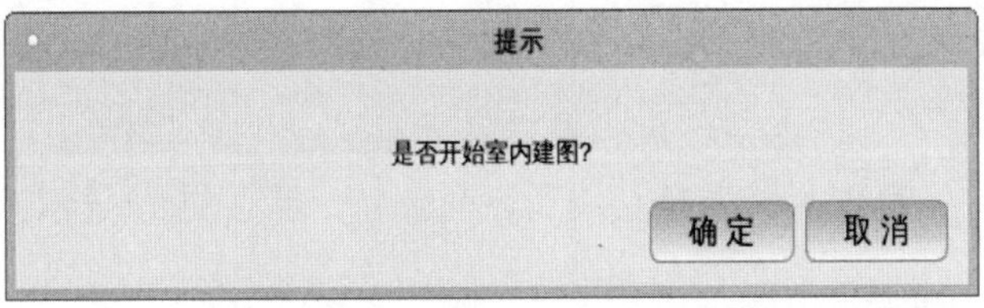 | 点击"工程管理"→"建图"→"室内建图"按钮,弹出提示对话框 |
| 7 | 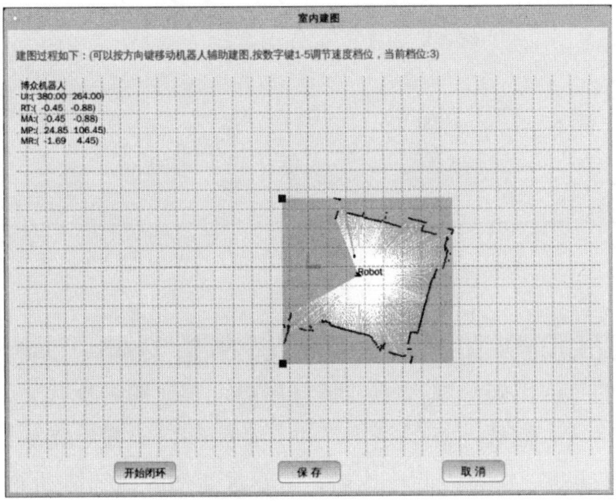 | 点击【确定】按钮进入建图模式 |

93

续表 5.3

| 序号 | 图片示例 | 操作步骤 |
| --- | --- | --- |
| 8 | 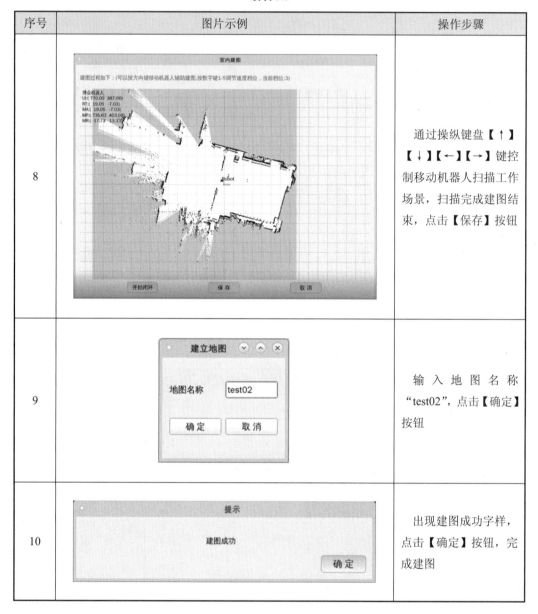 | 通过操纵键盘【↑】【↓】【←】【→】键控制移动机器人扫描工作场景，扫描完成建图结束，点击【保存】按钮 |
| 9 | 建立地图 地图名称 test02 确定 取消 | 输入地图名称"test02"，点击【确定】按钮 |
| 10 | 提示 建图成功 确定 | 出现建图成功字样，点击【确定】按钮，完成建图 |

### 5.4.4 关联程序设计

地图建立完成后一般需要完成地图裁剪、新建航点等操作。Quark（Quark 即地图编辑器，主要用来进行地图的二次编辑）可以通过裁剪功能，对地图进行优化，去掉多余的部分，保留想要的地图区域。需要注意的是，在进行此操作时，最好将原地图进行压缩备份，以防原始地图损坏丢失。在完成此操作后，需要重新加载地图启动 Quark，裁剪地图步骤见表 5.4。

94

表 5.4　裁剪地图步骤

| 序号 | 图片示例 | 操作步骤 |
|:---:|:---:|:---|
| 1 | 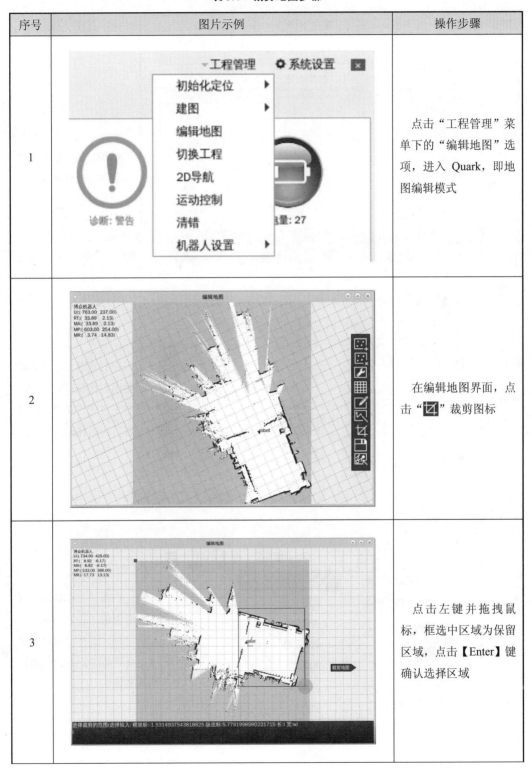 | 　点击"工程管理"菜单下的"编辑地图"选项，进入 Quark，即地图编辑模式 |
| 2 | | 　在编辑地图界面，点击"⬚"裁剪图标 |
| 3 | | 　点击左键并拖拽鼠标，框选中区域为保留区域，点击【Enter】键确认选择区域 |

续表 5.4

| 序号 | 图片示例 | 操作步骤 |
|---|---|---|
| 4 | 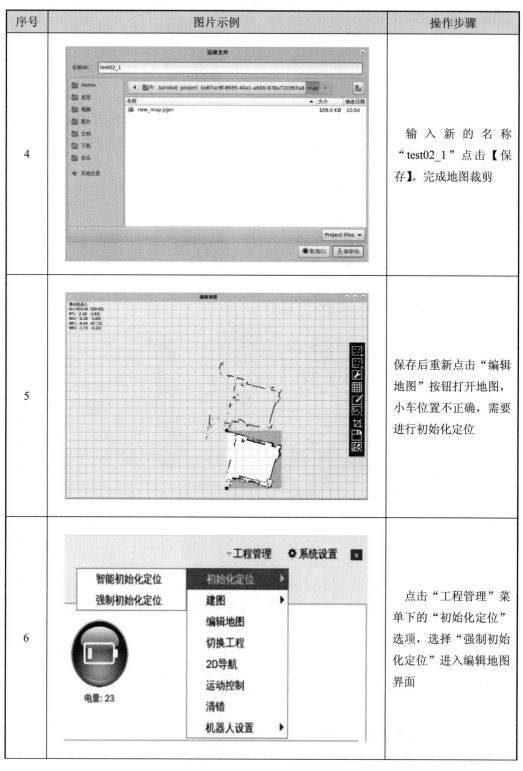 | 输入新的名称"test02_1"点击【保存】。完成地图裁剪 |
| 5 | | 保存后重新点击"编辑地图"按钮打开地图，小车位置不正确，需要进行初始化定位 |
| 6 | | 点击"工程管理"菜单下的"初始化定位"选项，选择"强制初始化定位"进入编辑地图界面 |

续表 5.4

| 序号 | 图片示例 | 操作步骤 |
|---|---|---|
| 7 | 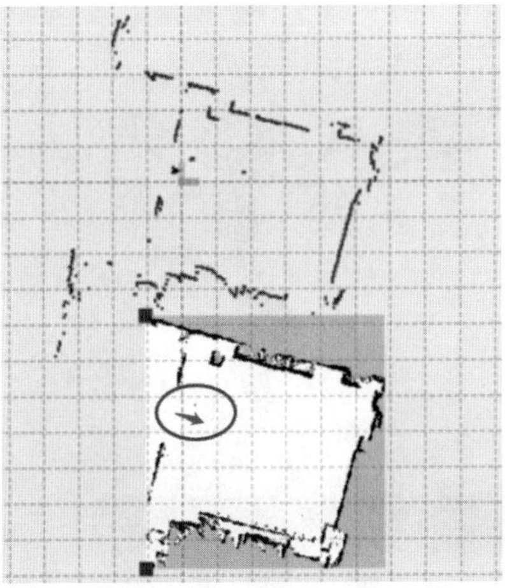 | 　鼠标左键选择机器人在地图中的具体位置，按住左键选择机器人的方向 |
| 8 | 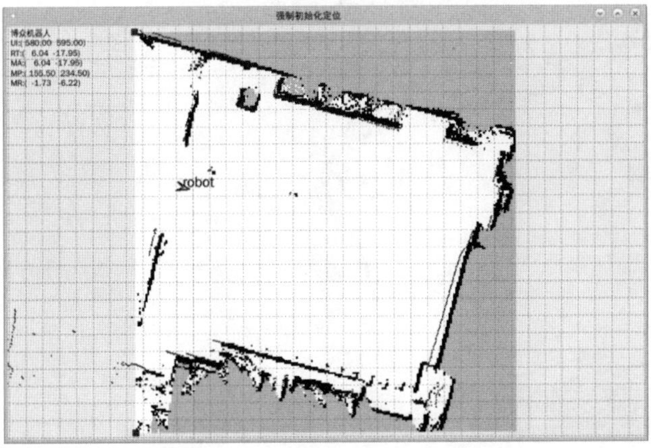 | 　初始化定位完成 |
| 9 | 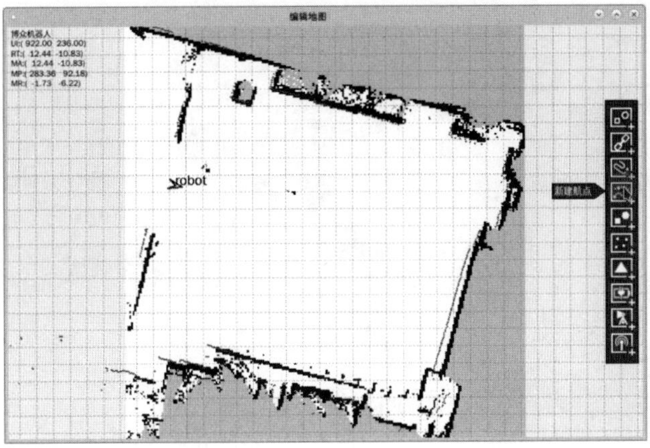 | 　点击"工程管理"菜单下的"编辑地图"选项，进入编辑地图界面。点击""新建航点图标  |

续表 5.4

| 序号 | 图片示例 | 操作步骤 |
|------|----------|----------|
| 10 | 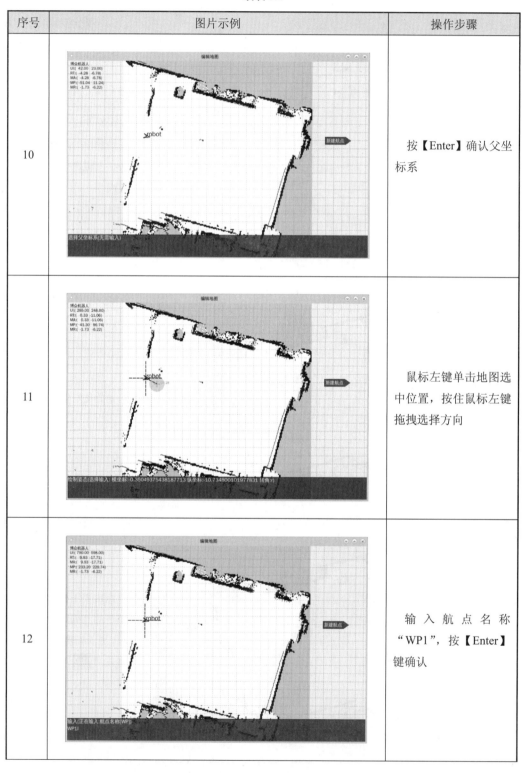 | 按【Enter】确认父坐标系 |
| 11 | | 鼠标左键单击地图选中位置，按住鼠标左键拖拽选择方向 |
| 12 | | 输入航点名称"WP1"，按【Enter】键确认 |

续表 5.4

| 序号 | 图片示例 | 操作步骤 |
|---|---|---|
| 13 | 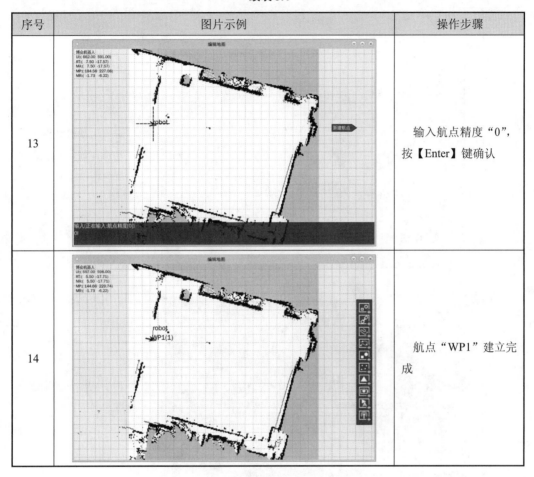 | 输入航点精度"0"，按【Enter】键确认 |
| 14 |  | 航点"WP1"建立完成 |

## 5.4.5　项目程序调试

手动操纵移动机器人移动到室内中间，在建立好的地图内移动，观察实际位置与地图位置是否匹配。项目程序调试步骤见表 5.5。

表 5.5　项目程序调试步骤

| 序号 | 图片示例 | 操作步骤 |
|---|---|---|
| 1 |  | 点击"运行界面"，单击右上角"工程管理"选项，单击"运动控制"选项 |

续表 5.5

| 序号 | 图片示例 | 操作步骤 |
|---|---|---|
| 2 | 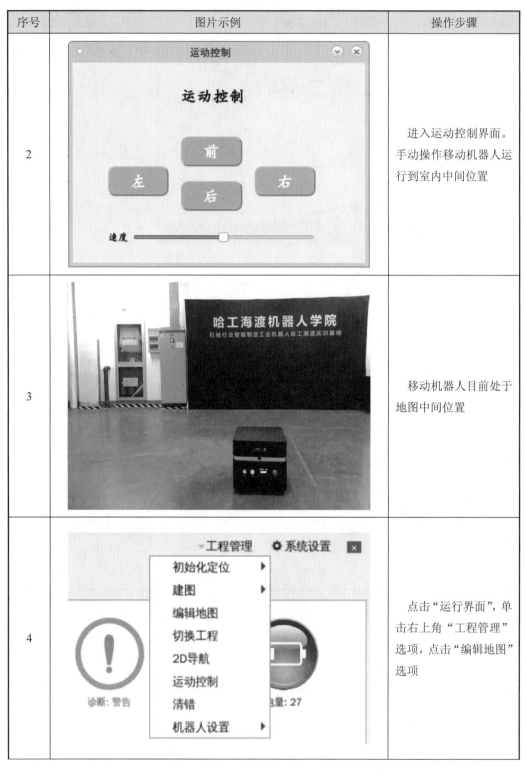 | 进入运动控制界面。手动操作移动机器人运行到室内中间位置 |
| 3 | | 移动机器人目前处于地图中间位置 |
| 4 | | 点击"运行界面"，单击右上角"工程管理"选项，点击"编辑地图"选项 |

续表 5.5

| 序号 | 图片示例 | 操作步骤 |
|---|---|---|
| 5 | 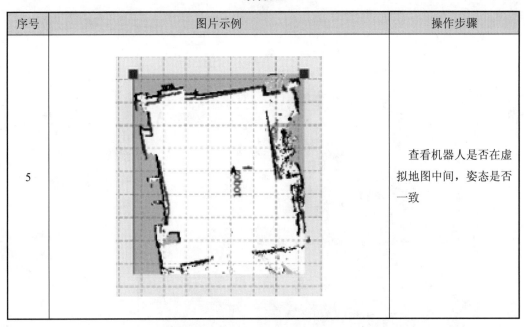 | 查看机器人是否在虚拟地图中间,姿态是否一致 |

### 5.4.6　项目总体运行

使用软件控制移动机器人在实物场景实现移动机器人前进、后退、左转、右转等运动。项目总体运行步骤见表 5.6。

表 5.6　项目总体运行步骤

| 序号 | 图片示例 | 操作步骤 |
|---|---|---|
| 1 | | 点击右上角"工程管理"选项,单击"运动控制"选项,进入运动控制界面 |

续表 5.6

| 序号 | 图片示例 | 操作步骤 |
|---|---|---|
| 2 | 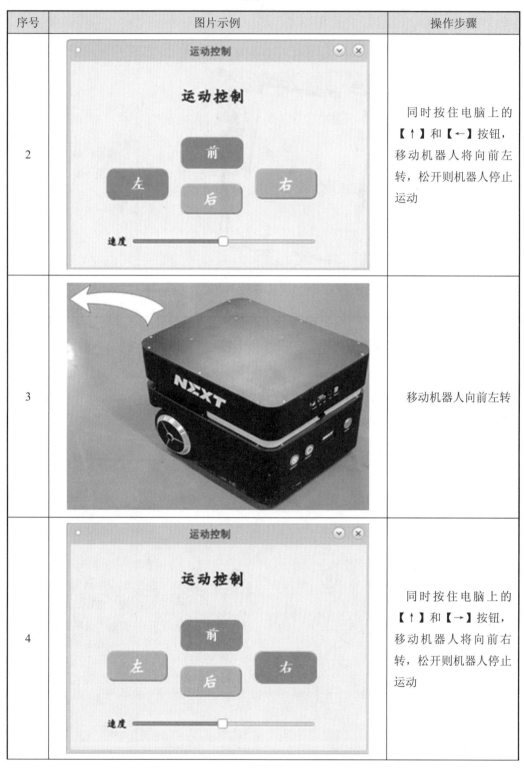 | 同时按住电脑上的【↑】和【←】按钮，移动机器人将向前左转，松开则机器人停止运动 |
| 3 | | 移动机器人向前左转 |
| 4 | | 同时按住电脑上的【↑】和【→】按钮，移动机器人将向前右转，松开则机器人停止运动 |

续表 5.6

| 序号 | 图片示例 | 操作步骤 |
|---|---|---|
| 5 | 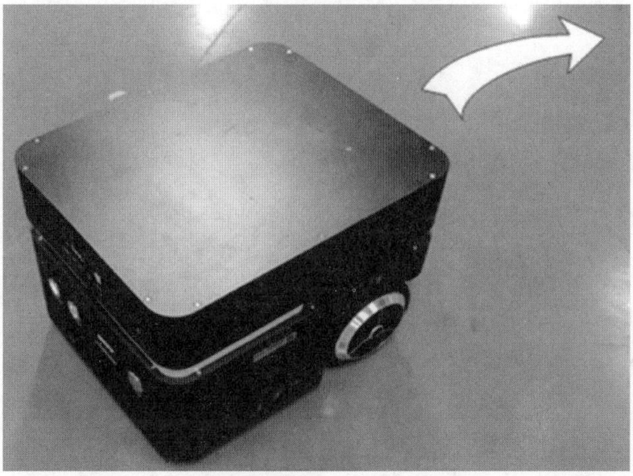 | 移动机器人向前右转 |
| 6 |  | 同时按住电脑上的【↓】和【→】按钮，移动机器人将向后左转，松开则机器人停止运动 |
| 7 |  | 移动机器人向后左转 |

续表 5.6

| 序号 | 图片示例 | 操作步骤 |
|---|---|---|
| 8 | 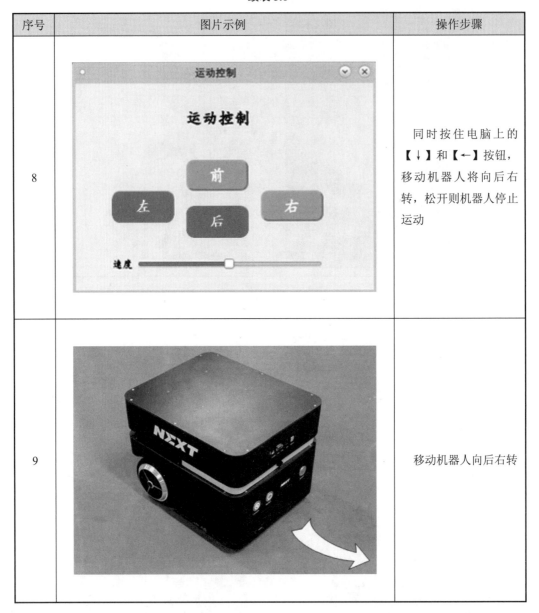 | 同时按住电脑上的【↓】和【←】按钮，移动机器人将向后右转，松开则机器人停止运动 |
| 9 | | 移动机器人向后右转 |

## 5.5 项目验证

### 5.5.1 效果验证

使用移动机器人通过激光雷达扫描实际场景，成功地创建地图，与实际场景一致。图 5.10 所示为实际场景与创建地图的对比图。

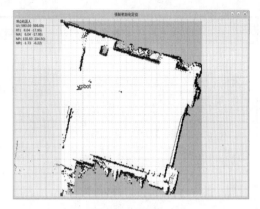

（a）实际场景　　　　　　　　　　　　　　（b）创建地图

图 5.10　效果验证

### 5.5.2　数据验证

实际场景如图 5.11（a）所示，操纵移动机器人进入地图中间查看实际位置与其在地图中显示的位置是否匹配。创建的地图如图 5.11（b）所示。移动机器人在实际场景中的位置与在创建地图中的位置基本一致。

（a）实际场景　　　　　　　　　　　　　　（b）创建地图

图 5.11　数据验证

## 5.6　项目总结

### 5.6.1　项目评价

完成本项目基本训练后，填写项目评价表（表 5.7），记录项目完成进度。

表 5.7　项目评价表

| 项目评价表 | | 自评 | 互评 | 完成情况说明 |
|---|---|---|---|---|
| 项目分析 | 1. 硬件构架分析 | | | |
| | 2. 软件构架分析 | | | |
| | 3. 项目流程分析 | | | |
| 项目要点 | 1. 移动机器人的导航原理 | | | |
| | 2. 地图创建与编辑 | | | |
| | 3. 地图的初始化定位 | | | |
| 项目步骤 | 1. 应用系统连接 | | | |
| | 2. 应用系统配置 | | | |
| | 3. 主体程序设计 | | | |
| | 4. 关联程序设计 | | | |
| | 5. 项目程序调试 | | | |
| | 6. 项目运行调试 | | | |
| 项目验证 | 1. 效果验证 | | | |
| | 2. 数据验证 | | | |

## 5.6.2　项目拓展

项目拓展1：操纵移动机器人在平坦的教室等路况较复杂的地区建立地图，教室如图 5.12 所示。

图 5.12　教室场景

项目拓展 2：操纵移动机器人在生产车间等工业场景建立地图。

项目拓展 3：编写一段程序使移动机器人实际场景中向后运动 2 m，然后观察移动机器人在地图中的位置和实际是否一致。

# 第6章　基于航点的自主运动项目

## 6.1　项目目的

### 6.1.1　项目背景

✳ 自主运动项目要点分析

　　移动机器人在实际生产应用中多数是自主导航，或根据设计好的程序完成从一个站点到另一个站点最基本的运输或巡查任务，移动机器人在实际生产中的应用如图 6.1 所示。

（a）移动机器人站点运输　　　　　　　（b）移动机器人站点巡查

图 6.1　移动机器人实际生产应用

　　本项目利用 NEXT 移动机器人在一个未知环境中建立好地图，设定地图中两个不同位置的航点，编写程序使 NEXT 机器人从航点 1 移动到航点 2，模拟实际应用中移动机器人从一个站点到另一个站点的生产任务。在智能移动机器人将要经过的路线上设立障碍物。智能移动机器人按照程序指令自动规避障碍物、自主选择路径到达指定航点，完成运动过程。实际场景如图 6.2 所示。

图 6.2　实际场景

### 6.1.2　项目需求

需要移动机器人在一个生产操作空间内，自主导航完成在两个不同工位之间循环移动的运输任务。

### 6.1.3　项目目的

（1）掌握智能移动机器人创建地图应用。

（2）掌握智能移动机器人基础程序编写。

（3）掌握智能移动机器人程序调试方法。

## 6.2　项目分析

### 6.2.1　项目构架

本项目主要是利用 NEXT 智能移动机器人完成一个未知场景的地图构建，利用电脑软件设定机器人需要去的航点，传送给移动机器人工控机主板，工控机经过内部计算后选择一条行走路径，利用激光雷达匹配实物场景实现精准运行，如图 6.3 所示。

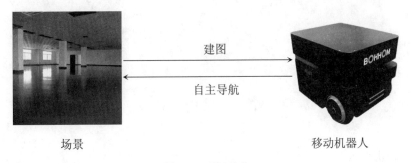

图 6.3　项目构架

### 6.2.2 项目流程

本项目主要流程如图 6.4 所示。

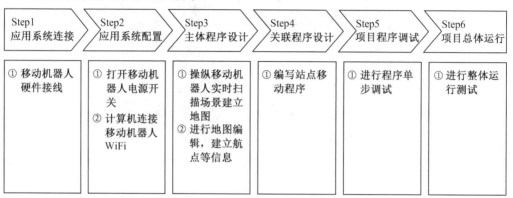

| Step1<br>应用系统连接 | Step2<br>应用系统配置 | Step3<br>主体程序设计 | Step4<br>关联程序设计 | Step5<br>项目程序调试 | Step6<br>项目总体运行 |
|---|---|---|---|---|---|
| ① 移动机器人硬件接线 | ① 打开移动机器人电源开关<br>② 计算机连接移动机器人WiFi | ① 操纵移动机器人实时扫描场景建立地图<br>② 进行地图编辑，建立航点等信息 | ① 编写站点移动程序 | ① 进行程序单步调试 | ① 进行整体运行测试 |

图 6.4　项目流程

## 6.3　项目要点

### 6.3.1　创建地图

本项目可以完成的前提是成功创建地图。移动机器人实现精确定位需要正确建立地图，在实况复杂地段需要利用移动机器人多次扫描场景，使扫描无死角，如图 6.5 所示。

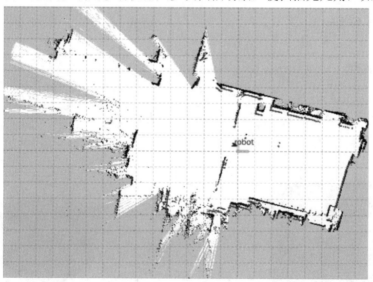

图 6.5　创建地图

智能移动机器人运动过程中，通过里程计信息结合激光传感器获取的激光数据与地图进行匹配，不断地实时获取智能移动机器人在地图中的精确位姿，同时，根据当前位置与任务目的地进行路径规划使智能移动机器人实现自主导航运动。

### 6.3.2 建立航点

航点即移动机器人行走到达的站点，如图 6.6 所示。相当于现实中的机器工位、停车位等。自主导航运行需要在创建好的地图上建立航点，航点设置不正确，移动机器人无法运行。

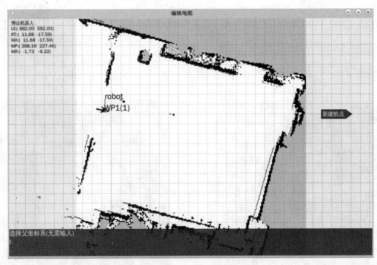

图 6.6　建立航点

### 6.3.3 编写程序

移动机器人实现运动的主要步骤是正确编写运动程序，程序可以决定移动机器人在什么地方停止或运行，是联系实际生产工位的重要环节。程序界面如图 6.7 所示。

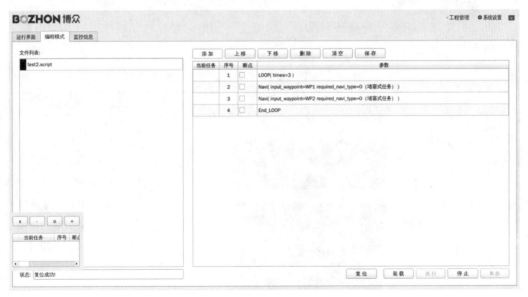

图 6.7　程序界面

## 6.4 项目步骤

### 6.4.1 应用系统连接

NEXT 智能移动机器人主要由上下两层组成。其中上层设计主要以工控机为主，下层主要以运动控制板为主。NEXT 智能移动平台出厂硬件线路已经连接好，如图 6.8 所示，因此本项目接线无须重新连接。

※ 自主运动项目程序编写及验证

（a）工控机及激光雷达接线图

（b）运动控制板及驱动电机接线图

图 6.8 NEXT 智能移动平台内部接线图

### 6.4.2 应用系统配置

应用系统配置主要是完成移动机器人初始化并和电脑建立通讯连接。应用系统配置的主要步骤见表 6.1。

表 6.1 应用系统配置步骤

| 序号 | 图片示例 | 操作步骤 |
| --- | --- | --- |
| 1 |  | 按下机器人车体上的 ON/OFF 电源开关，指示光圈发光即代表正常开机，正常开机后屏幕同步显示为"NEXT"图文 |

续表 6.1

| 序号 | 图片示例 | 操作步骤 |
|---|---|---|
| 2 | NEXT-005<br>安全<br>✓ 自动连接<br>连接 | 　等待 30 s 左右，打开电脑右下角无线网络，找到 WIFI 名称为 NEXT-XXX（本项目移动机器人 WIFI 名称为 NEXT-005）。单击【连接】按钮连接无线网络 |
| 3 | NEXT-005<br>安全<br>输入网络安全密钥<br>●●●●●●●●●●●<br>下一步　　取消 | 　输入无线密码 "@bozhon.com"，点击下一步 |
| 4 | NEXT-005<br>无 Internet，安全<br>属性<br>断开连接 | 　出现断开连接按钮，表示无线网络连接成功 |

### 6.4.3　主体程序设计

　　主体程序主要是完成地图创建、编辑、航点的建立，具体步骤见表 6.2。

表 6.2　主体程序设计

| 序号 | 图片示例 | 操作步骤 |
|---|---|---|
| 1 | 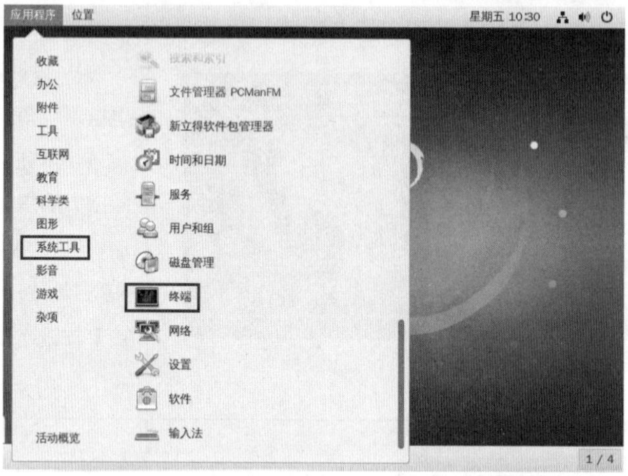 | 　首先启动 debian 系统，启动成功后，点击左上角的"应用程序"→"系统工具"→"终端"。打开 gnome 终端 |
| 2 |  | 　打开 Xfce 终端后输入"natrium"点击【ENTER】键，弹出主控 UI 界面 |
| 3 |  | 　首次登录时在"机器人名"一栏中填写自定义名称"NEXT005"，填入默认密码"bohhom"及服务器 IP 地址"192.168.168.10"，点击【登录】。非首次登录时可在"机器人名"下拉框中选择要登录的机器人名，填入密码，点击【登录】 |

续表 6.2

| 序号 | 图片示例 | 操作步骤 |
|---|---|---|
| 4 | **提示**　是否拉取配置文件?　确定　取消 | 根据需要选择是否拉取配置文件。点击【确定】,拉取机器人端所有工程文件同步到 UI 的电脑端 |
| 5 | BOZHON博众　运行界面　编辑模式　监控信息　任务列表　当前任务　序号　参数　状态　日志信息 | 进入主界面 |
| 6 | **提示**　是否开始室内建图?　确定　取消 | 点击"工程管理",选择"建图"选项,点击"室内建图"按钮,弹出提示对话框,点击【确定】开始室内建图 |
| 7 | 室内建图　建图过程如下:(可以按方向键移动机器人辅助建图.按数字键1-5调节速度档位,当前档位:3)　博众机器人　UI:( 13.00　134.00)　RT:( -18.80　5.63)　MA:( -18.80　5.63)　MP:(-247.00 -91.61)　MR:( -6.45　1.04)　robot　开始闭环　保存　取消 | 进入建图模式 |

115

续表 **6.2**

| 序号 | 图片示例 | 操作步骤 |
|------|---------|---------|
| 8 | 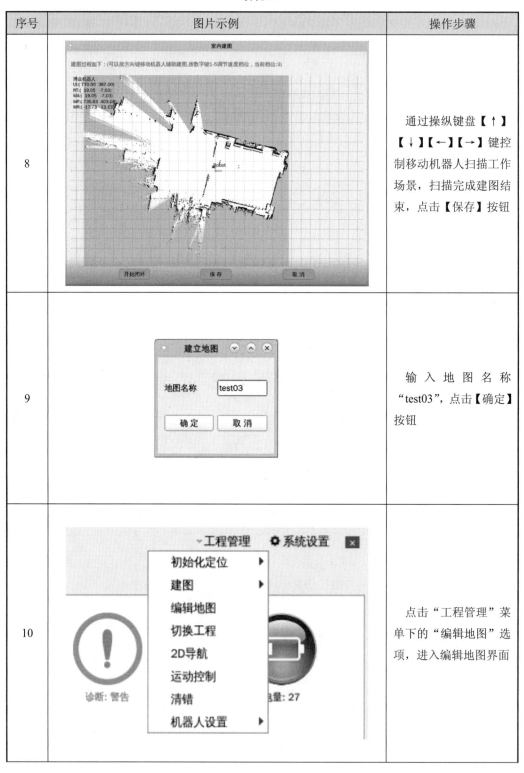 | 通过操纵键盘【↑】【↓】【←】【→】键控制移动机器人扫描工作场景，扫描完成建图结束，点击【保存】按钮 |
| 9 | | 输入地图名称"test03"，点击【确定】按钮 |
| 10 | | 点击"工程管理"菜单下的"编辑地图"选项，进入编辑地图界面 |

续表 6.2

| 序号 | 图片示例 | 操作步骤 |
|---|---|---|
| 11 | | 在地图编辑界面右侧点击"⛶"裁剪选项 |
| 12 | | 点击鼠标左键并拖拽鼠标，黑框选中区域为保留区域，点击【Enter】键确认选择区域 |
| 13 | | 输入新的名称"test03_1"点击【保存】，完成地图裁剪 |

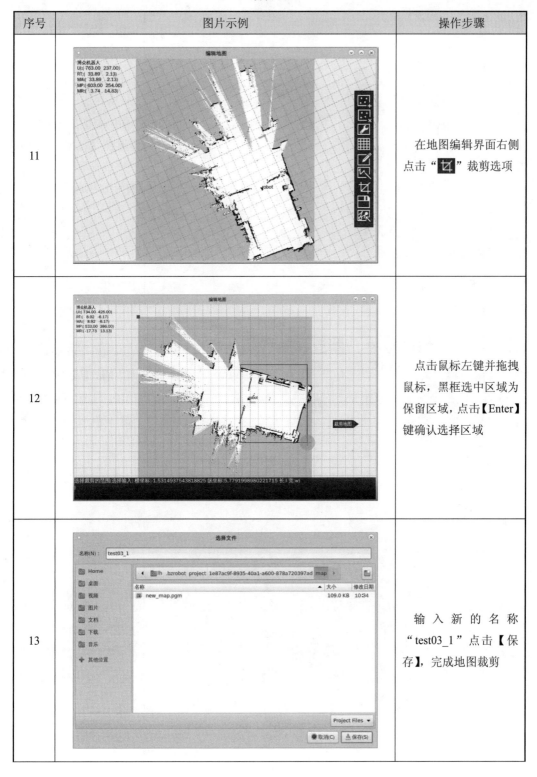

续表 6.2

| 序号 | 图片示例 | 操作步骤 |
|---|---|---|
| 14 | 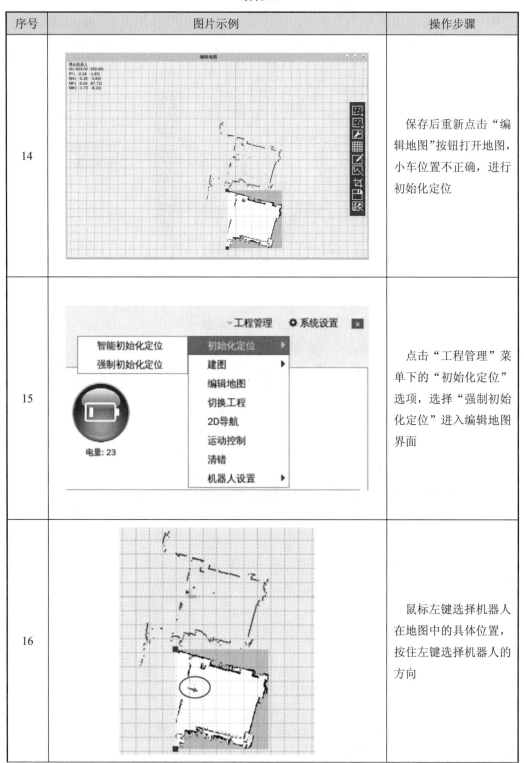 | 保存后重新点击"编辑地图"按钮打开地图，小车位置不正确，进行初始化定位 |
| 15 | | 点击"工程管理"菜单下的"初始化定位"选项，选择"强制初始化定位"进入编辑地图界面 |
| 16 | | 鼠标左键选择机器人在地图中的具体位置，按住左键选择机器人的方向 |

续表 6.2

| 序号 | 图片示例 | 操作步骤 |
|------|----------|----------|
| 17 |  | 初始化定位完成 |
| 18 |  | 点击"工程管理"菜单下的"编辑地图"选项，进入编辑地图界面。点击""新建航点图标 |
| 19 |  | 按【Enter】确认父坐标系 |

续表 **6.2**

| 序号 | 图片示例 | 操作步骤 |
|------|----------|----------|
| 20 | 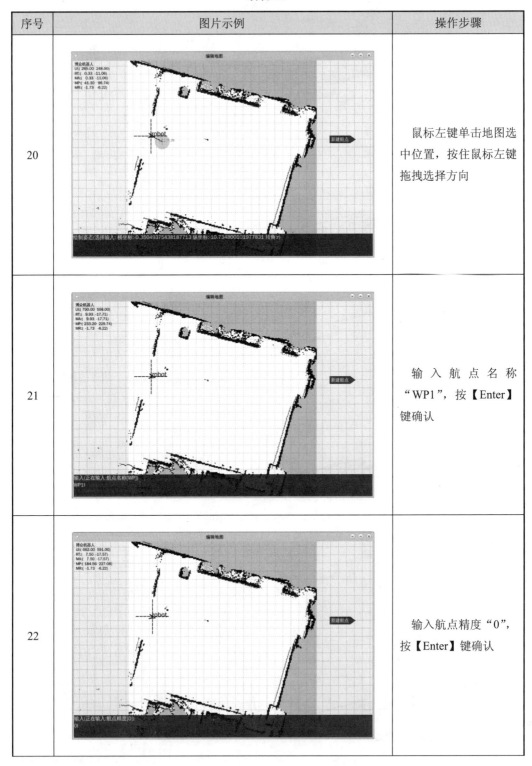 | 鼠标左键单击地图选中位置，按住鼠标左键拖拽选择方向 |
| 21 | | 输入航点名称"WP1"，按【Enter】键确认 |
| 22 | | 输入航点精度"0"，按【Enter】键确认 |

续表 6.2

| 序号 | 图片示例 | 操作步骤 |
|---|---|---|
| 23 | 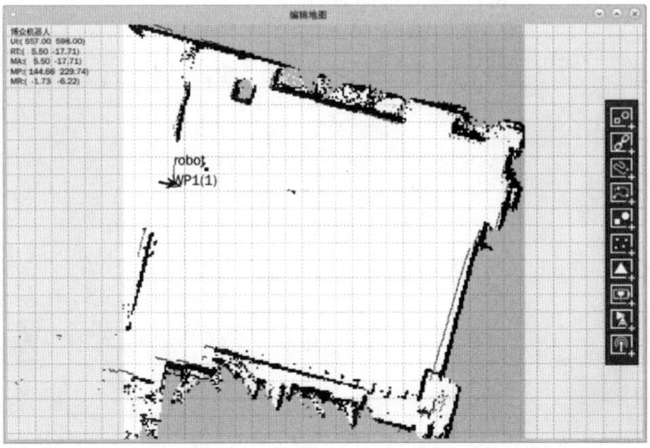 | 航点"WP1"建立完成 |
| 24 | 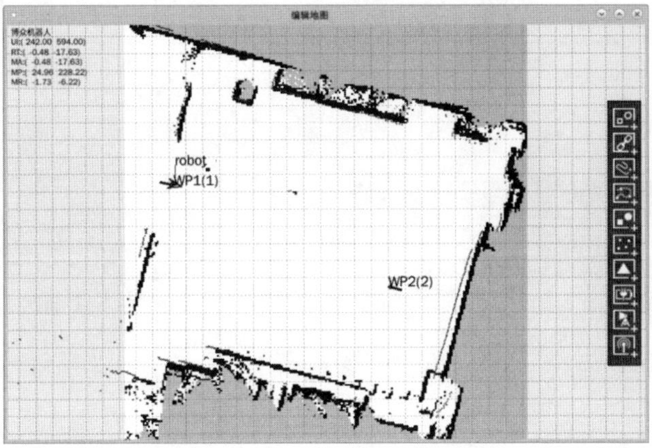 | 以同样方法建立航点"WP2",然后点击右上角"×"关闭编辑地图 |
| 25 | 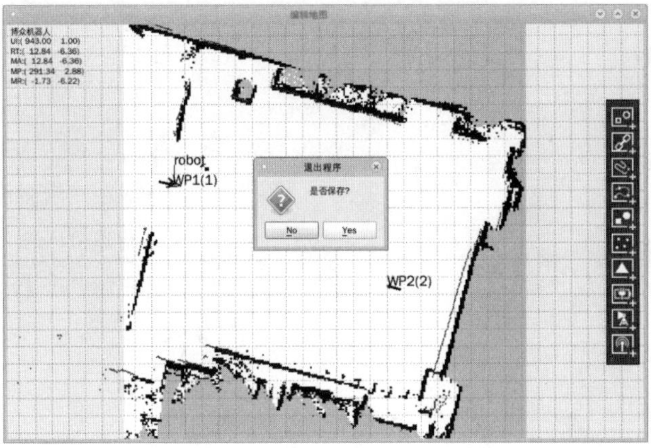 | 系统提示是否保存,选择【Yes】,确认地图编辑完成 |

### 6.4.4 关联程序设计

关联程序主要是完成机器人移动程序的编写。关联程序设计的具体步骤见表 6.3。

表 6.3 关联程序设计

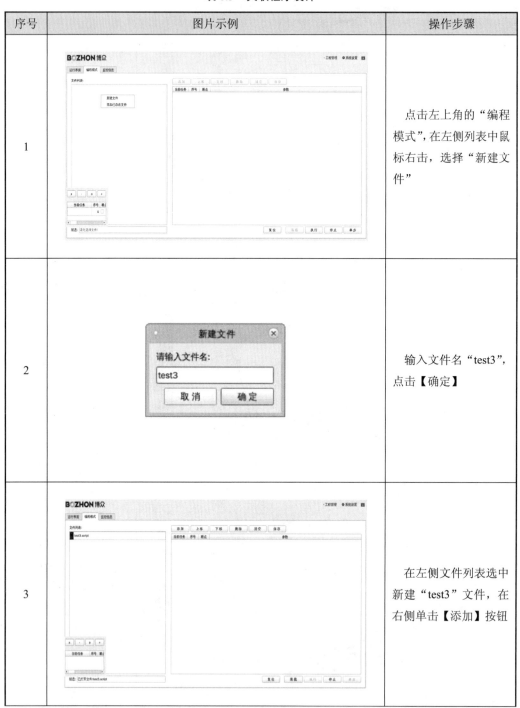

| 序号 | 图片示例 | 操作步骤 |
|---|---|---|
| 1 | | 点击左上角的"编程模式"，在左侧列表中鼠标右击，选择"新建文件" |
| 2 | | 输入文件名"test3"，点击【确定】 |
| 3 | | 在左侧文件列表选中新建"test3"文件，在右侧单击【添加】按钮 |

续表 6.3

| 序号 | 图片示例 | 操作步骤 |
|---|---|---|
| 4 | **任务指令**<br>任务参数<br>任务类型　Logical<br>任务名<br>　SubFile<br>　WHILE<br>　End_WHILE<br>　IF<br>　End_IF<br>　LOOP<br>　End_LOOP<br>　DECLARE<br>参数名　参数类型　ELSE<br>FileName　std::string　BREAK<br>关闭　CONTINUE | 在弹出的任务指令框中选择任务类型为"Logical"逻辑指令,在任务名下拉菜单中选择"LOOP" |
| 5 | **任务指令**<br>任务参数<br>任务类型　Logical<br>任务名　LOOP<br><br>参数名 参数类型　参数值<br>times　unsigned int　3<br>关闭　　确定 | 在"参数值"中写入数字"3",点击【确定】 |
| 6 | **任务指令**<br>任务参数<br>任务类型　Motional<br>　　　　　Logical<br>任务名　RequireArea<br><br>参数名　参数类型 参数值<br>access_area_name std::string<br>关闭　　确定 | 在任务指令框中选择任务类型为"Motional"运动指令 |

续表 6.3

| 序号 | 图片示例 | 操作步骤 |
|------|----------|----------|
| 7 | 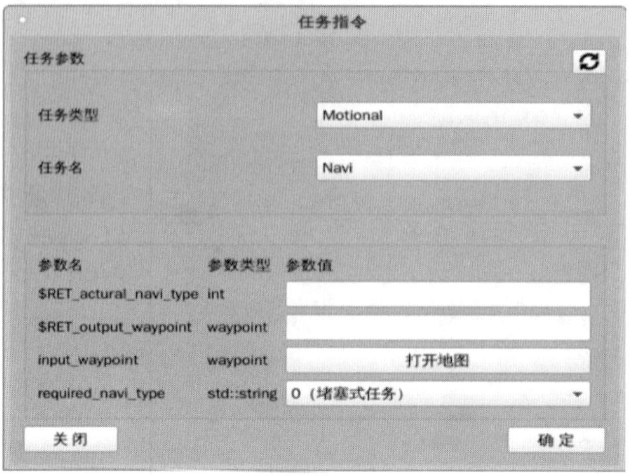 | 在任务名下拉菜单中选择"Navi"任务名，点击"打开地图"选项 |
| 8 | 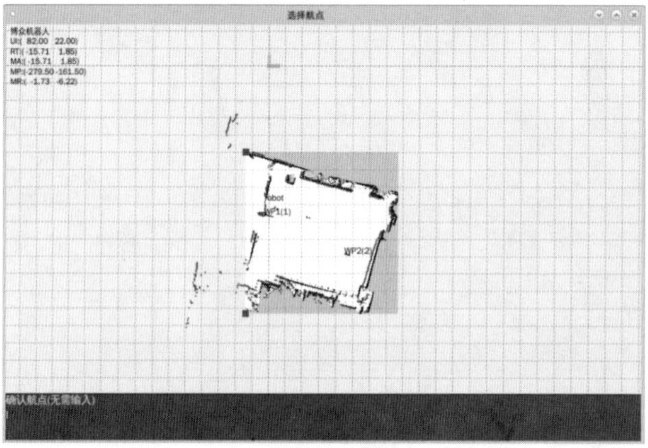 | 使用鼠标左键框选航点"WP1" |
| 9 | 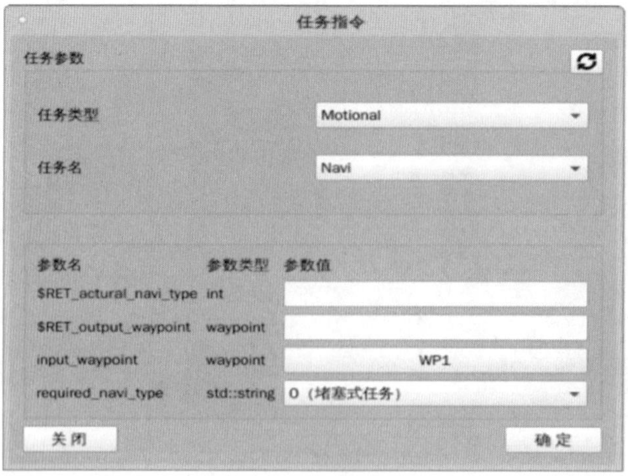 | 点击【确定】按钮，添加完成第一个航点。再次点击"WP1"打开地图 |

续表 6.3

| 序号 | 图片示例 | 操作步骤 |
|---|---|---|
| 10 | | 使用鼠标左键框选航点 "WP2"，按【Enter】确认 |
| 11 | | 点击【确定】按钮 |
| 12 | | 任务类型重新选择 "Logical" 逻辑指令 |

续表 **6.3**

| 序号 | 图片示例 | 操作步骤 |
|------|----------|----------|
| 13 | 任务指令<br><br>任务参数<br><br>任务类型　　　　Logical<br><br>任务名<br>　　　　　SubFile<br>　　　　　WHILE<br>　　　　　End_WHILE<br>　　　　　IF<br>　　　　　End_IF<br>　　　　　LOOP<br>　　　　　End_LOOP<br>　　　　　DECLARE<br>参数名　　　参数类型　ELSE<br>　　　　　BREAK<br>FileName　　std::string　CONTINUE<br><br>关闭 | 在任务名下拉菜单中选择"End_LOOP" |
| 14 | 任务指令<br><br>任务参数<br><br>任务类型　　　　Logical<br><br>任务名　　　　　End_LOOP<br><br><br>关闭　　　　　　　　　　确定 | 点击【确认】按钮，然后点击【关闭】按钮关闭任务指令 |
| 15 | 添加　上移　下移　删除　清空　保存<br><br><table><tr><td>当前任务</td><td>序号</td><td>断点</td><td>参数</td></tr><tr><td></td><td>1</td><td>☐</td><td>LOOP( times=3 )</td></tr><tr><td></td><td>2</td><td>☐</td><td>Navi( input_waypoint=WP1 required_navi_type=0 (堵塞式任务) )</td></tr><tr><td></td><td>3</td><td>☐</td><td>Navi( input_waypoint=WP2 required_navi_type=0 (堵塞式任务) )</td></tr><tr><td></td><td>4</td><td>☐</td><td>End_LOOP</td></tr></table> | 程序编写完成 |

126

## 6.4.5　项目程序调试

程序编写完成，将程序加载到服务器中，进行单步调试。项目程序设计的具体步骤见表 6.4。

表 6.4　项目程序设计

| 序号 | 图片示例 | 操作步骤 |
|---|---|---|
| 1 | | 点击软件左上角"编辑模式"，选中程序"test3"，点击右下角【装载】按钮 |
| 2 | | 将左下角程序显示框图拉大，点击【单步】按钮，程序开始执行 |
| 3 | | 再次点击【单步】按钮，程序执行第一步，循环次数减一 |
| 4 | | 继续点击【单步】按钮，程序执行，移动机器人移动到第一个航点"WP1" |
| 5 | | 继续点击【单步】按钮，程序继续执行到第三行，移动机器人移动到第二个航点"WP2" |

127

续表 6.4

| 序号 | 图片示例 | 操作步骤 |
|---|---|---|
| 6 | 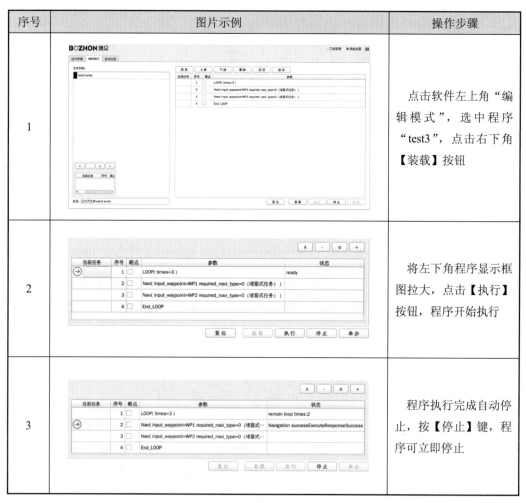 | 继续点击【单步】按钮，程序继续执行，循环次数为0，程序停止 |

### 6.4.6　项目总体运行

调试完成，确认程序运行无误，进行项目总体运行。项目总体运行的具体步骤见表6.5。

表6.5　项目总体运行

| 序号 | 图片示例 | 操作步骤 |
|---|---|---|
| 1 | | 点击软件左上角"编辑模式"，选中程序"test3"，点击右下角【装载】按钮 |
| 2 | | 将左下角程序显示框图拉大，点击【执行】按钮，程序开始执行 |
| 3 | | 程序执行完成自动停止，按【停止】键，程序可立即停止 |

## 6.5　项目验证

### 6.5.1　效果验证

运行程序后，观察到移动机器人从航点 WP1 自主导航移动到航点 WP2，如图 6.9 所示。中间设置了障碍物，移动机器人在遇到障碍物后自主避开了障碍物，重新选择了路线移动到目的站点。

（a）机器人在航点 WP1　　　　　　　　（b）机器人在航点 WP2

图 6.9　效果验证

### 6.5.2　数据验证

移动机器人在实物场景中到达了航点 WP1 和航点 WP2，通过软件查看是否与实物一致，软件监控数据如图 6.10 所示。

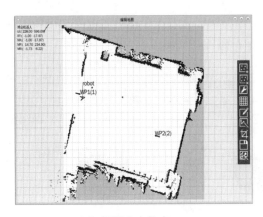
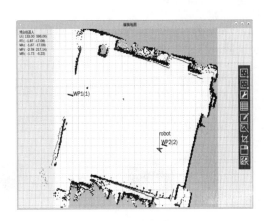

（a）机器人在航点 WP1　　　　　　　　（b）机器人在航点 WP2

图 6.10　数据验证

## 6.6 项目总结

### 6.6.1 项目评价

完成本项目基本训练后，填写项目评价表（表6.6），记录项目完成进度。

表 6.6 项目评价表

| 项目评价表 | | 自评 | 互评 | 完成情况说明 |
|---|---|---|---|---|
| 项目分析 | 1. 硬件构架分析 | | | |
| | 2. 软件构架分析 | | | |
| | 3. 项目流程分析 | | | |
| 项目要点 | 1. 创建与编辑地图 | | | |
| | 2. 建立与删除航点 | | | |
| | 3. 编写与运行程序 | | | |
| 项目步骤 | 1. 应用系统连接 | | | |
| | 2. 应用系统配置 | | | |
| | 3. 主体程序设计 | | | |
| | 4. 关联程序设计 | | | |
| | 5. 项目程序调试 | | | |
| | 6. 项目运行调试 | | | |
| 项目验证 | 1. 效果验证 | | | |
| | 2. 数据验证 | | | |

### 6.6.2 项目拓展

项目拓展1：编写程序使移动机器人在教室等场景中完成3个站点之间自动循环运行3次后，移动机器人最终停止在第2个站点，运行路线图如图6.11所示。

图 6.11 运行路线图

项目拓展 2：在教室、办公室等障碍物较多的场景中建立地图编写程序，完成移动机器人在 3 个站点之间 3 次循环运行。当移动机器人第 2 次循环运行时，在 1 号站点和 2 号站点之间增加一个障碍物，观察移动机器是如何避开障碍物的。

项目拓展 3：使用移动机器人在实际生产车间创建地图，编写程序。完成从一个站点到另一个站点的自动运输任务。体验实际生产应用和本项目的区别。

# 第 7 章 基于工业车间场景的物料运输项目

## 7.1 项目目的

### 7.1.1 项目背景

※ 物料运输项目要点分析

原来，汽车制造企业的全部物料搬运、装卸车都由人工完成。在装配车间生产物流过程中，物料输送工作量大，导致错误率高，且物料配送途中人工物流位置信息不明确，物料配送到工位时基本靠手工进行物料的接收与确认。为使企业的生产物流更加高效，越来越多的企业使用智能移动机器人来代替人工物流作业。智能移动机器人可以按照规划好的路径自动运行，与自动上下料系统结合，实现运输、上下料过程自动化、无人化。无论在效率上还是在成本上都有明显的优势，能给企业带来明显的经济效应，移动机器人在工业车间场景进行物料运输如图 7.1 所示。

在工业车间场景应用中，运输的物料种类繁多，需要根据运输物料的不同定制不同的移动机器人来运送相应的物料。还有一种常见方式是将同种物料放到一种物料存放车中，由移动机器人牵引相应的料车到目的站点工位，这样移动机器人就可以运送不同种类的物料，节约生产成本。因此移动机器人除了基本的自主移动功能外，还会增加其他的辅助功能。例如，增加一个自动升降的牵引棒，由牵引棒勾住料车，带动料车一起运往目的站点。

（a）移动机器人背负物料　　　　　　　　（b）移动机器人牵引料车

图 7.1　工业车间场景物料运输

本章利用 NEXT 智能移动平台，模拟在工业车间物料运输场景内移动机器人建立地图、自主导航运输物料的过程。主要完成内容如下：

（1）完成移动机器人建立地图，实际场景如图 7.2 所示。

（2）设置两个不同航点 WP1、WP2，航点 WP1 和 WP2 分别代表两个工位。

（3）编写程序实现移动机器人从航点 WP1 自主导航移动到 WP2，循环 3 次，如图 7.3 所示。

图 7.2　本项目车间实际场景

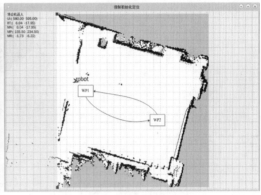

图 7.3　工业车间场景物料运输

### 7.1.2　项目需求

本项目主要需求是移动机器人可以在工业车间场景中，自主导航完成不同工位之间的物料运输任务。

### 7.1.3　项目目的

（1）了解工业车间场景中移动机器人的应用原理。

（2）学习工业车间场景中移动机器人系统搭建方法。

（3）掌握工业车间场景中移动机器人自主导航应用。

## 7.2　项目分析

### 7.2.1　项目构架

工业车间物流输送系统主要包含三个部分：调度管理系统、无线局域网和移动机器人。工作工位产生对某种物料的需求，发送指令给上位机调度系统，由调度系统发送指令给移动机器人将物料运送到相应工位，完成物料配送过程。项目构架图如图 7.4 所示。

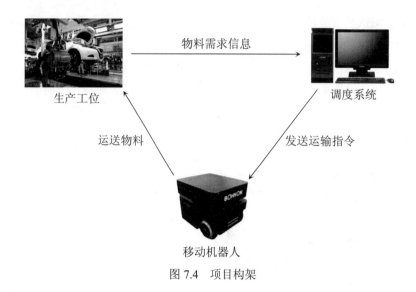

图 7.4　项目构架

### 7.2.2　项目流程

本项目主要流程如图 7.5 所示。

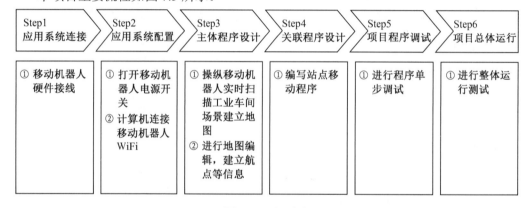

图 7.5　项目流程

## 7.3　项目要点

### 7.3.1　系统网络搭建

智能移动机器人输送系统由智能移动机器人、上位机调度管理系统和无线局域网等设施组成。在这些环节中，局域网承载着智能移动机器人和调度管理系统的连接作用。

本项目主要完成工业车间内上位机与路由器、路由器与移动机器人之间的网络连接。使用网线将上位机与 1 个主路由器连接，其他路由器使用网线桥接到主路由器上，如图 7.6 所示。将路由器分散放置在车间高处固定，使无线网络尽可能地覆盖整个车间。然后将移动机器人桥接到主路由器上，这样移动机器人在整个车间内运行都可以通过路由器与上位机进行通讯，保证数据稳定传输。

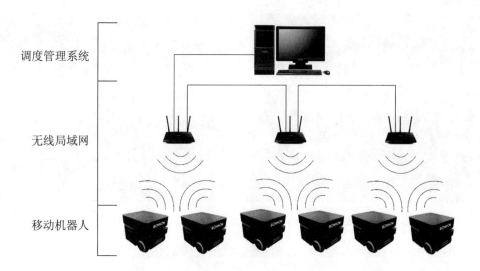

图 7.6　网络连接示意图

### 7.3.2　地图创建

　　工业车间的场景相对复杂，在创建地图之前，需要将车间道路清理干净，然后操纵移动机器人扫描车间环境实时建立地图。图 7.7 所示为移动机器人开始建图。

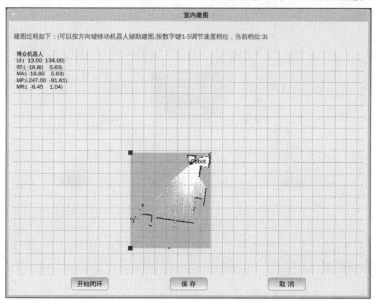

图 7.7　地图创建

### 7.3.3　路线规划

　　工业车间内区域都是有明确区分的，因此智能移动机器人需要按照规划好的路线行走。需要在地图中设置虚拟墙，使移动机器人在允许的区域中行驶，本项目移动机器人运行区域无须设置虚拟墙。实际生产中机器人部分运行场景如图 7.8 所示。

（a）移动机器人在规定路线内运输（一）　　（b）移动机器人在规定路线内运输（二）

图 7.8　移动机器人在规定的区域内运行

## 7.4　项目步骤

### 7.4.1　应用系统连接

使用网线将上位机与 1 个主路由器连接，其他路由器使用网线依次连接如图 7.9 所示，并把路由器分散放置在车间高处固定。

※ 物料运输项目程序编写及验证

图 7.9　网络系统连接

### 7.4.2　应用系统配置

应用系统配置主要需完成两部分：

（1）完成移动机器人初始化，并和移动电脑建立通讯连接，为手动操纵创建地图做准备。

（2）完成移动机器人和路由器的桥接，通过主路由器连接到上位机，进而可以被上位机调度软件实时监控。

应用系统配置如图 7.10 所示，本项目无上位机，因此只完成移动机器人与移动电脑的通讯连接。

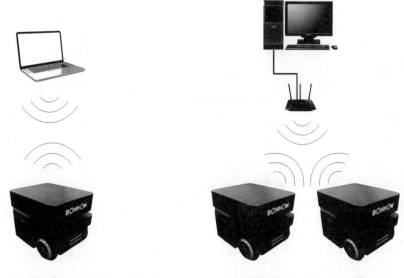

（a）移动机器人与移动电脑通信　　　　（b）移动机器人与上位机通信

图 7.10　应用系统配置

### 7.4.3　主体程序设计

主体程序主要完成工业车间场景的地图创建；设置部分移动机器人禁行区域，防止移动机器人进入正在作业的工位，与其他机器人发生碰撞；编写运行程序。主体程序设计的具体步骤见表 7.1。

表 7.1　主体程序设计

| 序号 | 图片示例 | 操作步骤 |
|---|---|---|
| 1 | 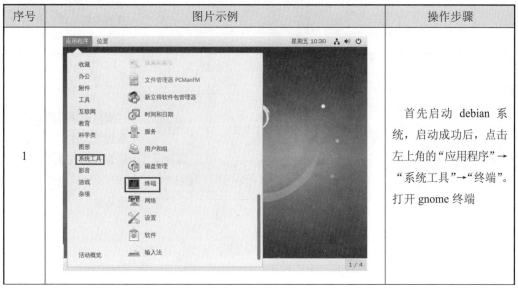 | 首先启动 debian 系统，启动成功后，点击左上角的"应用程序"→"系统工具"→"终端"。打开 gnome 终端 |

续表 7.1

| 序号 | 图片示例 | 操作步骤 |
|---|---|---|
| 2 | haiduxueyuan@debian: ~<br><br>文件(F) 编辑(E) 查看(V) 搜索(S) 终端(T) 帮助(H)<br>haiduxueyuan@debian:~$ natrium<br><br>**BOZHON博众**<br><br>机器人名：<br>密码：<br>服务器IP地址： . . .<br>序列号：<br><br>登录　　　退出 | 打开 Xfce 终端后输入"natrium"按【Enter】键，弹出主控 UI 界面 |
| 3 | **BOZHON博众**<br><br>机器人名： NEXT005<br>密码： ••••••<br>服务器IP地址： 192.168.168.10<br>序列号：<br><br>登录　　　退出 | 首次登录时在"机器人名"一栏中填写自定义名称"NEXT005"，填入默认密码"bohhom"及服务器 IP 地址"192.168.168.10"，点击【登录】。非首次登录时可在"机器人名"下拉框中选择要登录的机器人名，填入密码，点击【登录】 |
| 4 | 提示<br><br>是否拉取配置文件？<br><br>确定　　取消 | 根据需要选择是否拉取配置文件。点击【确定】，拉取机器人端所有工程文件同步到 UI 的电脑端 |

续表 7.1

| 序号 | 图片示例 | 操作步骤 |
|---|---|---|
| 5 | 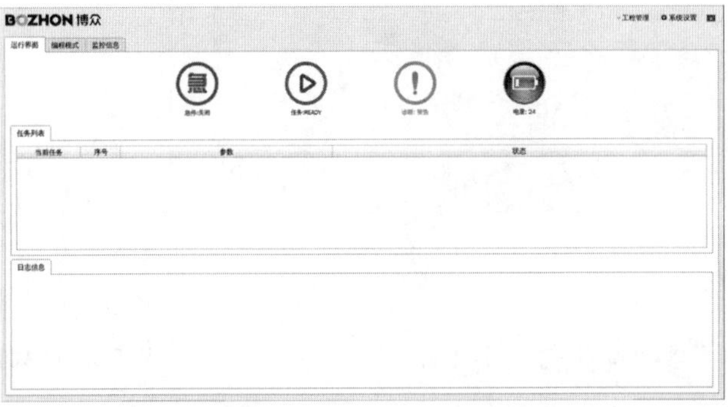 | 进入主界面 |
| 6 | 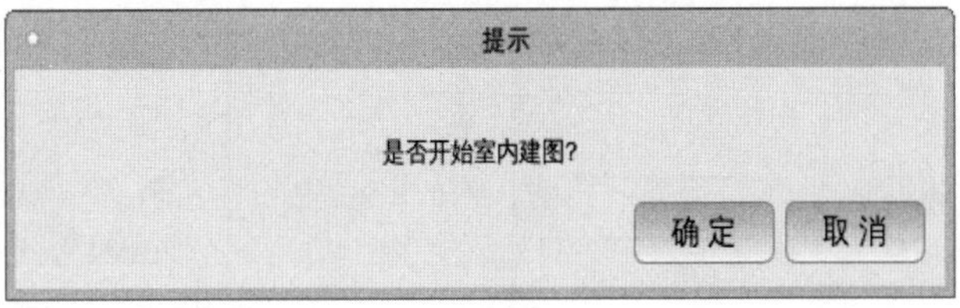 | 点击"工程管理",选择"建图"选项,点击"室内建图"按钮,弹出提示对话框,点击【确定】开始室内建图 |
| 7 | 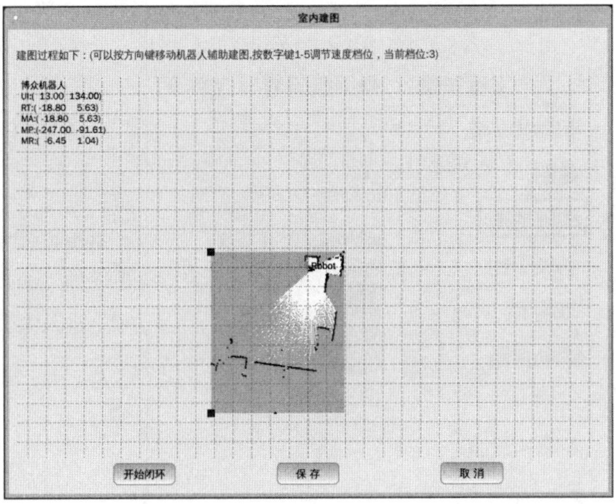 | 进入建图模式 |

续表 7.1

| 序号 | 图片示例 | 操作步骤 |
|---|---|---|
| 8 | 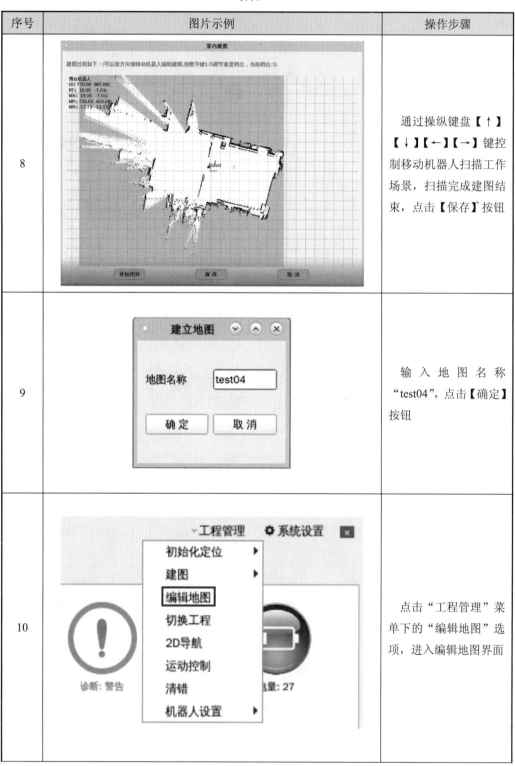 | 通过操纵键盘【↑】【↓】【←】【→】键控制移动机器人扫描工作场景，扫描完成建图结束，点击【保存】按钮 |
| 9 | | 输入地图名称"test04"，点击【确定】按钮 |
| 10 | | 点击"工程管理"菜单下的"编辑地图"选项，进入编辑地图界面 |

续表 7.1

| 序号 | 图片示例 | 操作步骤 |
|------|----------|----------|
| 11 | 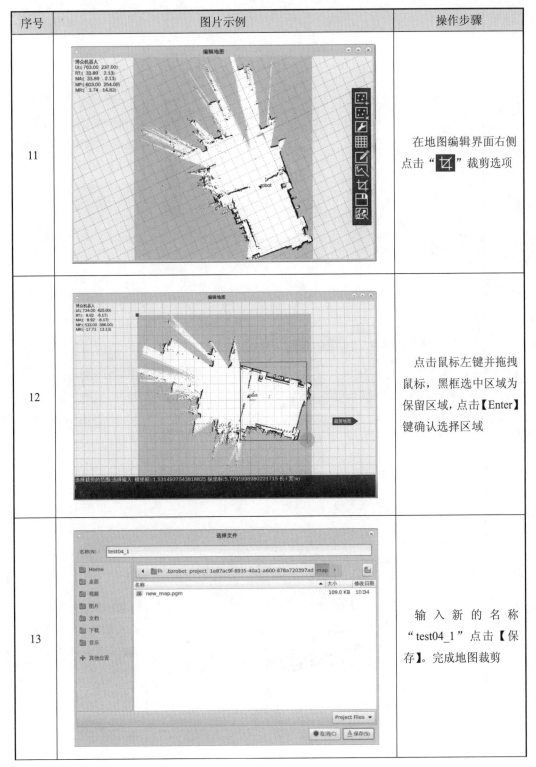 | 在地图编辑界面右侧点击"⊠"裁剪选项 |
| 12 | | 点击鼠标左键并拖拽鼠标，黑框选中区域为保留区域，点击【Enter】键确认选择区域 |
| 13 | | 输入新的名称"test04_1"点击【保存】。完成地图裁剪 |

续表 7.1

| 序号 | 图片示例 | 操作步骤 |
|------|----------|----------|
| 14 | 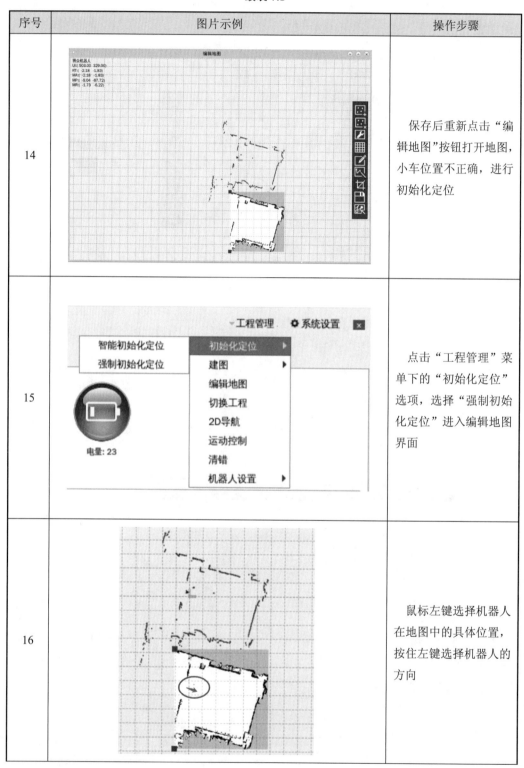 | 保存后重新点击"编辑地图"按钮打开地图，小车位置不正确，进行初始化定位 |
| 15 | | 点击"工程管理"菜单下的"初始化定位"选项，选择"强制初始化定位"进入编辑地图界面 |
| 16 | | 鼠标左键选择机器人在地图中的具体位置，按住左键选择机器人的方向 |

续表 7.1

| 序号 | 图片示例 | 操作步骤 |
|------|---------|---------|
| 17 | 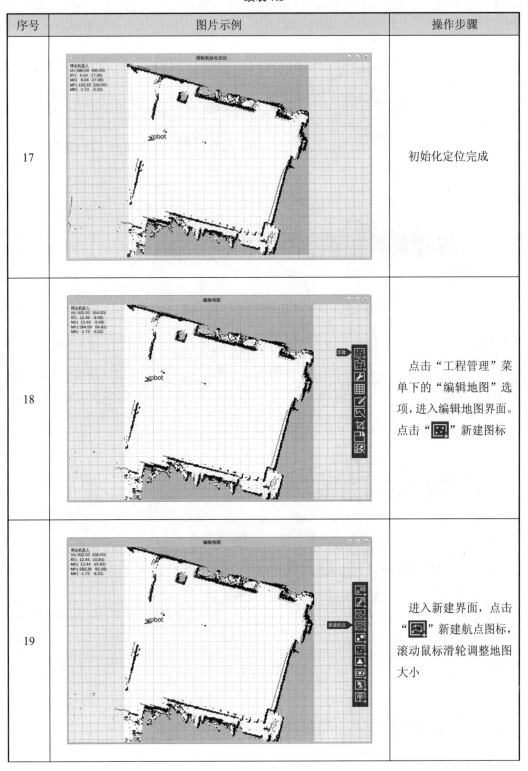 | 初始化定位完成 |
| 18 | | 点击"工程管理"菜单下的"编辑地图"选项，进入编辑地图界面。点击"▣"新建图标 |
| 19 | | 进入新建界面，点击"▣"新建航点图标，滚动鼠标滑轮调整地图大小 |

続表 **7.1**

| 序号 | 图片示例 | 操作步骤 |
|---|---|---|
| 20 | | 按【Enter】确认父坐标系 |
| 21 | | 鼠标左键单击地图选中位置，按住鼠标左键拖拽选择方向 |
| 22 | | 输入航点名称"WP1"，按【Enter】键确认 |

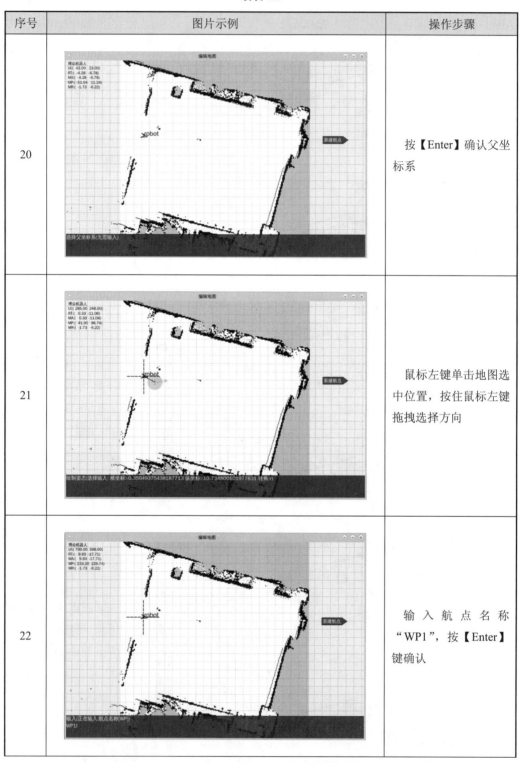

续表 7.1

| 序号 | 图片示例 | 操作步骤 |
|---|---|---|
| 23 | 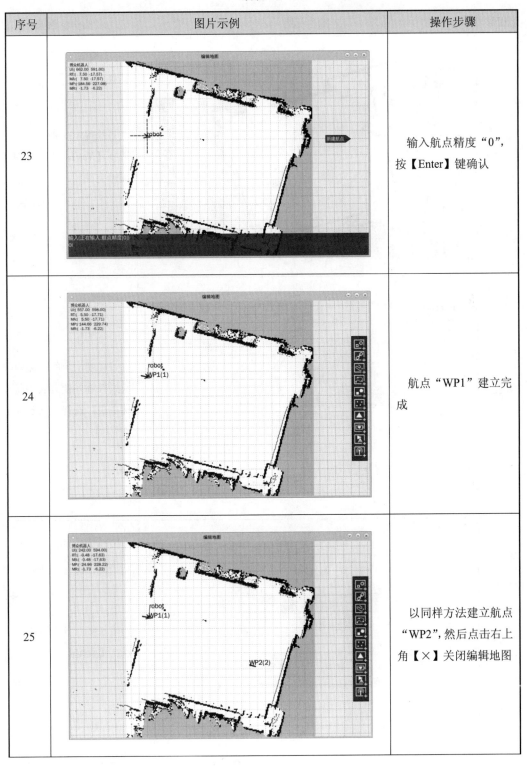 | 输入航点精度"0"，按【Enter】键确认 |
| 24 | | 航点"WP1"建立完成 |
| 25 | | 以同样方法建立航点"WP2"，然后点击右上角【×】关闭编辑地图 |

145

续表 7.1

| 序号 | 图片示例 | 操作步骤 |
|------|----------|----------|
| 26 | 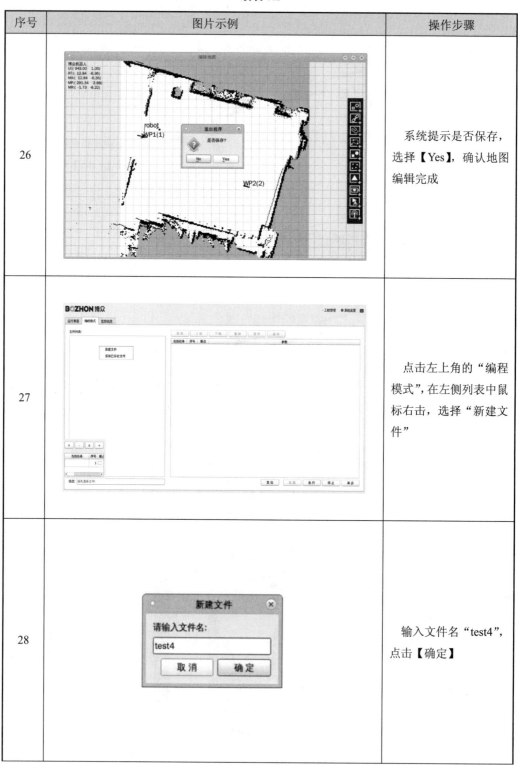 | 系统提示是否保存，选择【Yes】，确认地图编辑完成 |
| 27 | | 点击左上角的"编程模式"，在左侧列表中鼠标右击，选择"新建文件" |
| 28 | | 输入文件名"test4"，点击【确定】 |

续表 7.1

| 序号 | 图片示例 | 操作步骤 |
|---|---|---|
| 29 | | 在左侧文件列表选中新建"test4"文件，在右侧单击【添加】按钮 |
| 30 | | 在弹出的任务指令框中选择任务类型为"Logical"逻辑指令，在任务名下拉菜单中选择"LOOP" |
| 31 | | 在"参数值"框中写入数字"3"，击【确定】 |

续表 7.1

| 序号 | 图片示例 | 操作步骤 |
|---|---|---|
| 32 | 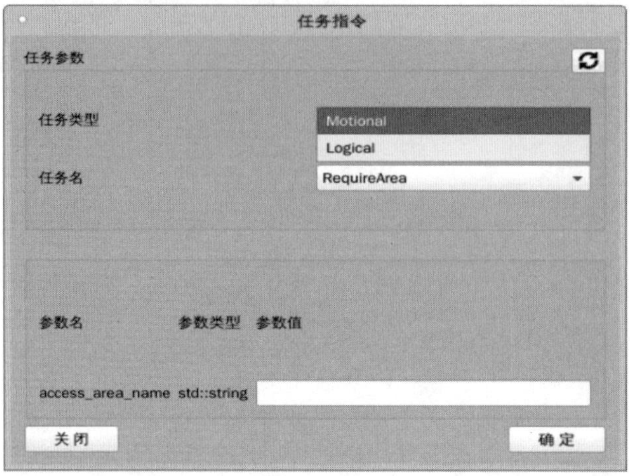 | 在任务指令框中选择任务类型为"Motional"运动指令 |
| 33 | 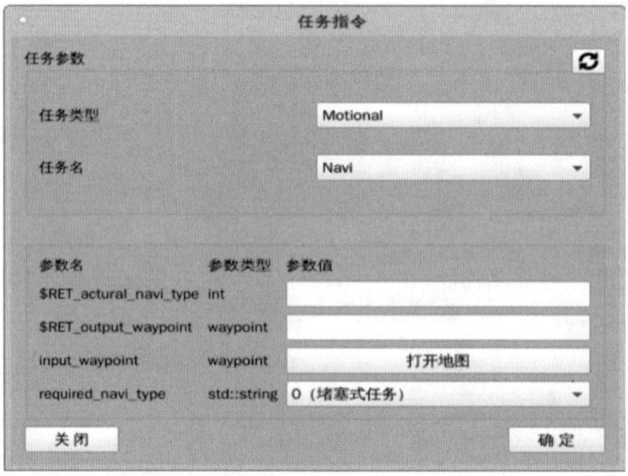 | 在任务名下拉菜单中选择"Navi"任务名，点击"打开地图"选项 |
| 34 | 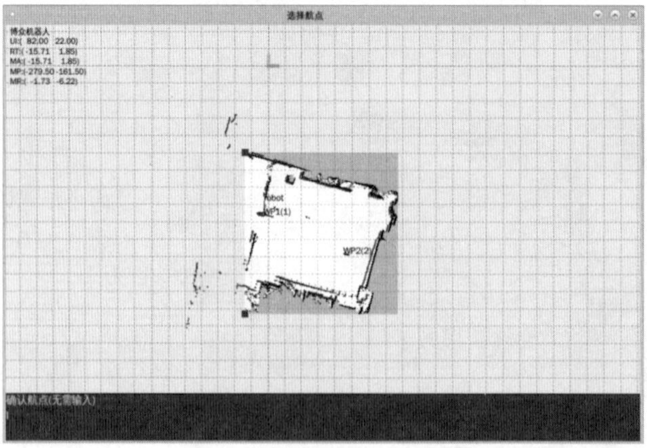 | 使用鼠标左键框选航点"WP1" |

续表 7.1

| 序号 | 图片示例 | 操作步骤 |
|------|----------|----------|
| 35 | 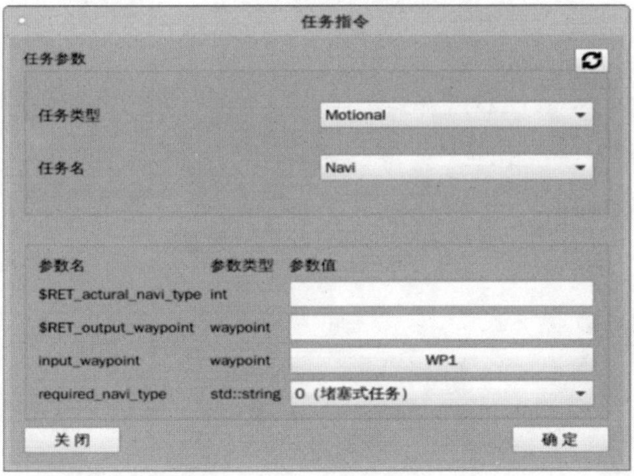 | 点击【确定】按钮，添加完成第一个航点。再次点击"WP1"打开地图 |
| 36 | 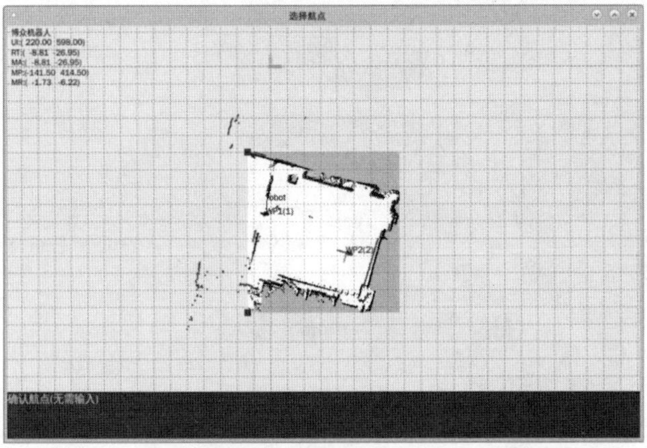 | 使用鼠标左键框选航点"WP2"，按【Enter】确认 |
| 37 | 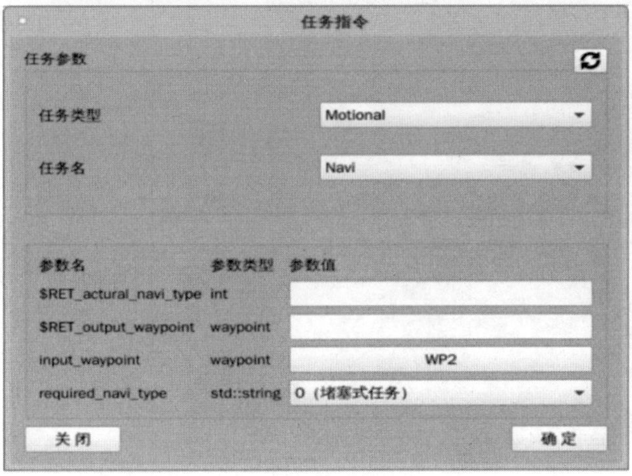 | 点击【确定】按钮 |

续表 7.1

| 序号 | 图片示例 | 操作步骤 |
|---|---|---|
| 38 | 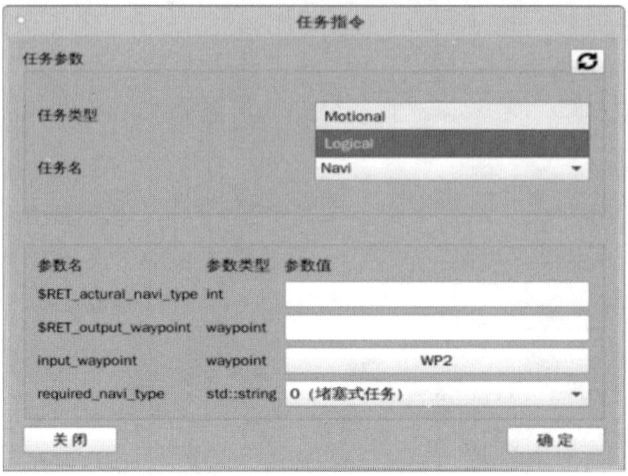 | 任务类型重新选择"Logical"逻辑指令 |
| 39 |  | 在任务名下拉菜单中选择"End_LOOP" |
| 40 | 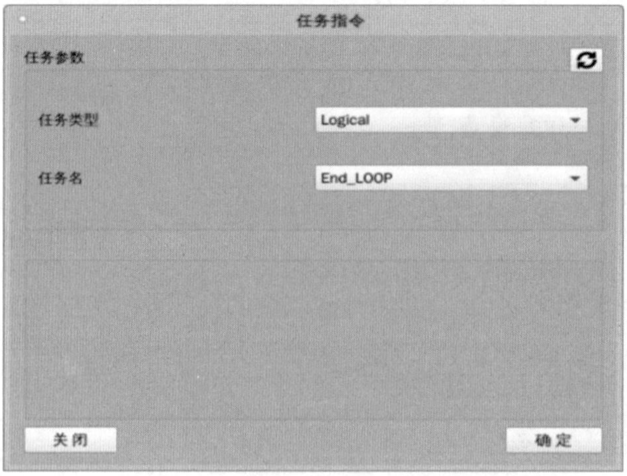 | 点击【确认】按钮，然后点击【关闭】按钮关闭任务指令 |

150

续表 7.1

| 序号 | 图片示例 | 操作步骤 |
|------|---------|---------|
| 41 | 添加　上移　下移　删除　清空　保存<br><br>当前任务　序号　断点　参数<br>　　1　□　LOOP( times=3 )<br>　　2　□　Navi( input_waypoint=WP1 required_navi_type=0 (堵塞式任务) )<br>　　3　□　Navi( input_waypoint=WP2 required_navi_type=0 (堵塞式任务) )<br>　　4　□　End_LOOP | 程序编写完成 |

### 7.4.4　关联程序设计

关联程序设计主要完成两部分。

**1. 外部设备与上位机调度软件的数据通信**

工业生产中部分生产车间需要物料的时间不固定，如果提前将物料送达车间容易造成车间物流通道拥堵、浪费生产资源等问题。因此部分生产区域会接入人工叫料系统，由生产工人发送指令给调度系统，调度系统控制移动机器人运输相应物料到达指定位置。叫料流程如图 7.11 所示。

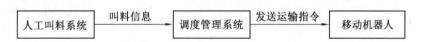

图 7.11　生产叫料拓扑图

**2. 移动机器人充电程序设计**

移动机器人执行一次任务，电量会减少。需要根据生产任务设计移动机器人的充电程序。一般设置当移动机器人电量低于某预设值时，移动机器人自主导航到充电区域进行充电。

本项目仅利用 NEXT 智能移动机器人仿真运行路线，因此无须设计关联程序。

### 7.4.5　项目程序调试

调试需要工程师使用移动电脑跟随移动机器人运动，观察移动机器人的导航路线是否正确或偏离既定路线，发现移动机器人在运行中可能出现的问题。将发现的问题改正或改进，进一步提升移动机器人的运行精度和稳定性。

本项目主要调试移动机器人是否可以实现从航点 WP1 自主导航到航点 WP2。项目程序调试的具体步骤见表 7.2。

表 7.2　项目程序调试

| 序号 | 图片示例 | 操作步骤 |
|---|---|---|
| 1 | 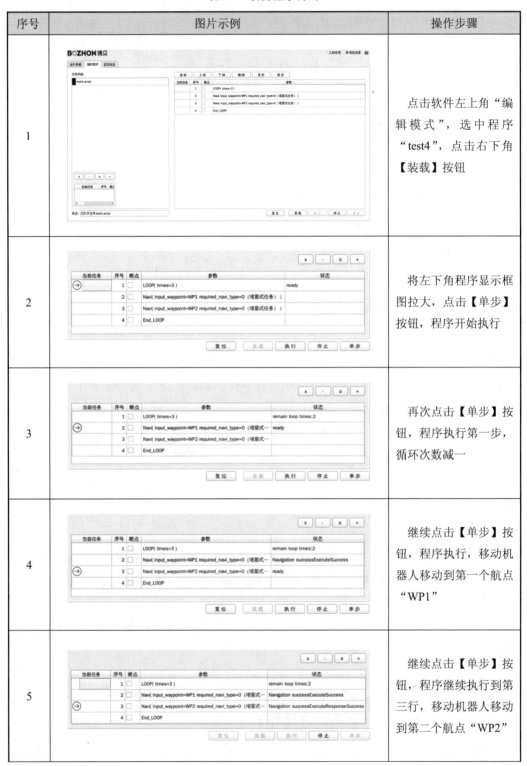 | 点击软件左上角"编辑模式"，选中程序"test4"，点击右下角【装载】按钮 |
| 2 | | 将左下角程序显示框图拉大，点击【单步】按钮，程序开始执行 |
| 3 | | 再次点击【单步】按钮，程序执行第一步，循环次数减一 |
| 4 | | 继续点击【单步】按钮，程序执行，移动机器人移动到第一个航点"WP1" |
| 5 | | 继续点击【单步】按钮，程序继续执行到第三行，移动机器人移动到第二个航点"WP2" |

续表 7.1

| 序号 | 图片示例 | 操作步骤 |
|---|---|---|
| 6 |  | 继续点击【单步】按钮，程序继续执行，循环次数为 0，程序停止 |

## 7.4.6　项目总体运行

程序调试完成，确认无错误后，可以使用上位机调度软件给移动机器人发送运输指令，使用调度软件的地图监控功能实时查看移动机器人的当前位置。

本项目无上位机软件，因此使用调试电脑直接运行程序。项目总体运行的具体步骤见表 7.3。

表 7.3　项目总体运行

| 序号 | 图片示例 | 操作步骤 |
|---|---|---|
| 1 |  | 点击软件左上角"编辑模式"，选中程序"test4"，点击右下角【装载】按钮 |
| 2 |  | 将编程界面左下角程序显示框图拉大，点击【执行】按钮，程序开始执行 |
| 3 |  | 程序执行完成自动停止，按【停止】键，程序可立即停止 |

153

## 7.5 项目验证

### 7.5.1 效果验证

移动机器人完成了地图创建，可以根据程序自主在航点 WP1 和 WP2 之间循环运行，运行效果如图 7.12 所示。

（a）机器人在航点 WP1　　　　　　　　　（b）机器人在航点 WP2

图 7.12　效果验证

### 7.5.2 数据验证

移动机器人在实物场景中到达了航点 WP1 和航点 WP2，通过软件查看是否与实物一致，软件监控数据与实物场景基本一致，如图 7.13 所示。

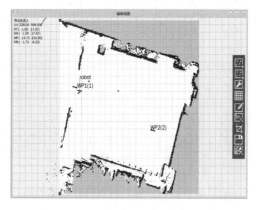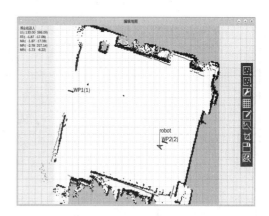

（a）机器人在航点 WP1　　　　　　　　　（b）机器人在航点 WP2

图 7.13　数据验证

## 7.6　项目总结

### 7.6.1　项目评价

完成本项目基本训练后，填写项目评价表（表 7.4），记录项目完成进度。

**表 7.4　项目评价表**

| 项目评价表 | | 自评 | 互评 | 完成情况说明 |
|---|---|---|---|---|
| 项目分析 | 1. 硬件构架分析 | | | |
| | 2. 软件构架分析 | | | |
| | 3. 项目流程分析 | | | |
| 项目要点 | 1. 系统网络搭建 | | | |
| | 2. 地图创建 | | | |
| | 3. 路线规划 | | | |
| 项目步骤 | 1. 应用系统连接 | | | |
| | 2. 应用系统配置 | | | |
| | 3. 主体程序设计 | | | |
| | 4. 关联程序设计 | | | |
| | 5. 项目程序调试 | | | |
| | 6. 项目运行调试 | | | |
| 项目验证 | 1. 效果验证 | | | |
| | 2. 数据验证 | | | |

### 7.6.2　项目拓展

项目拓展 1：利用 NEXT 智能移动机器人在车间场景区域创建地图。

项目拓展 2：使用 bzrobot_ui 软件编辑项目拓展 1 创建的地图，设立 2 个航点，完成 NEXT 智能移动机器人在 2 个航点之间自主导航循环运输 3 次的任务，运行路线如图 7.14 所示。

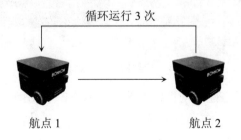

图 7.14　运行路线

# 第8章 基于生活服务场景的物品递送项目

## 8.1 项目目的

### 8.1.1 项目背景

※ 物品递送项目要点分析

随着服务人员聘用难度和人工成本的上升，一些酒店、餐饮等生活服务场景中开始使用智能移动机器人。机器人服务从概念变为现实，让顾客在体验高科技服务魅力的同时，全面提升住宿、用餐体验和满意度。

移动机器人可以配备智能保密储物格，可以完成为客人房间运送浴巾、吹风机和食物等。客人拨打电话说明需要的物品，工作人员将客户所需物品放置在移动机器人的智能保密储物格内，然后下达运送的目的地（如房间号），智能移动机器人自主规划选择最优路线行走，能自主避让人和障碍物，也能乘坐电梯，同时贴心地提醒附近宾客小心电梯开关门，运送到指定房间号后能自主拨打客户电话提醒客户取餐。完成工作后，机器人还能自行回到充电桩进行充电，提供 24 h 循环无休服务，图 8.1 为移动机器人在运送物品。

（a）移动机器人运送物品　　　　　　　　（b）顾客提取物品

图 8.1　移动机器人运送物品

本项目的主要内容是搭建移动机器人的通信网络，手动操纵移动机器人创建地图，编写移动机器人运行程序。本项目的不同点在于顾客与移动机器人运输系统的互动，客户提出需求后，由人工将客户需要的物品放置在移动机器人上，机器人自主导航运行到客户房间门口，主动呼叫客户取回物品。

主要完成内容如下：

（1）完成移动机器人建立地图，实际场景如图 8.2 所示。

（2）设立移动机器人禁行区域。

（3）设置三个不同航点 WP1、WP2、WP3，其中 WP1 为起点位置，WP2 点可搭乘电梯，WP3 为某客房门口。

（4）编写程序实现移动机器人从航点 WP1 自主导航移动到 WP3，然后移动到 WP2，循环 2 次，如图 8.3 所示。

图 8.2　实际场景

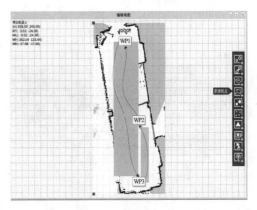

图 8.3　运行流程图

### 8.1.2　项目需求

本项目主要需求是移动机器人可以在生活服务场景中，自主导航完成不同地点之间的物品运送任务。

### 8.1.3　项目目的

（1）了解生活服务场景中智能移动机器人的应用原理。

（2）学习生活服务场景中智能移动机器人的系统搭建方法。

（3）掌握生活服务场景中智能移动机器人的自主导航应用。

## 8.2　项目分析

### 8.2.1　项目构架

酒店、餐厅等生活服务场景中的物流输送系统主要包含三个部分：上位机调度系统、客户呼叫系统和移动机器人。客户呼叫系统可以使用手机端 APP 直接选择需要的物品，也可以通过电话等告知服务台，由服务台人员传递到上位机调度系统。工作人员将客户所需物品放到移动机器人内，移动机器人按照调度系统指示将物品送给用户，如图 8.4 所示。

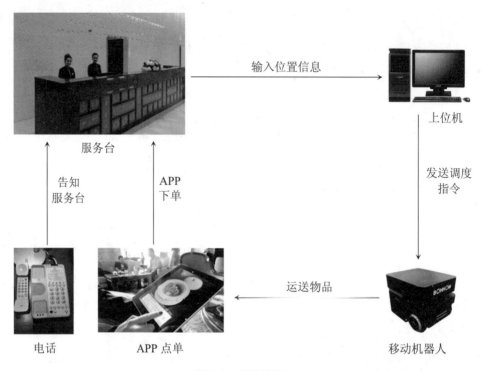

图 8.4   项目构架

### 8.2.2   项目流程

本项目主要流程如图 8.5 所示。

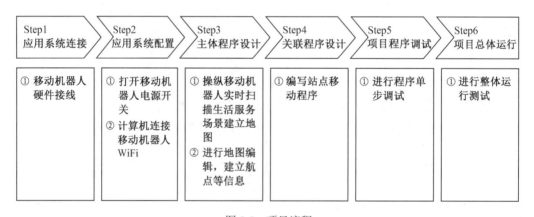

图 8.5   项目流程

## 8.3   项目要点

### 8.3.1   系统网络搭建

智能移动机器人输送系统由智能移动机器人、上位机调度管理系统和无线局域网等设施组成。在这些环节中，局域网承载着智能移动机器人和调度管理系统的连接作用，因此局域网络的搭建至关重要。

　　本项目主要完成生活服务场景中上位机与路由器的连接。使用网线将上位机与 1 个主路由器连接，其他路由器使用网线依次连接如图 8.6 所示。将路由器分散放置在高处固定，使无线网络尽可能地覆盖移动机器人的运行范围，保证移动机器人与上位机网络通信不中断。

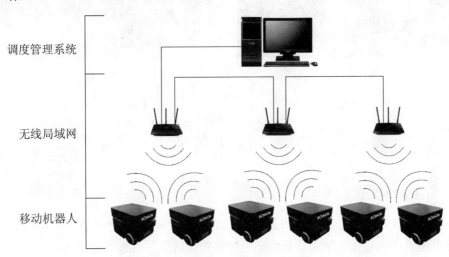

图 8.6　网络连接示意图

### 8.3.2　地图创建

　　酒店等服务行业基本上为高层建筑，移动机器人需要在不同楼层递送物品。每层建筑地形可能略有不同，因此需要建立不同的楼层地图，在移动机器人到达不同楼层时，需要切换至本楼层地图才可以进行自主导航。

　　每层建筑地图名称应尽量不同，移动机器人乘坐电梯到达相应楼层后，电梯发送指令告诉移动机器人到达的楼层，移动机器人将地图切换至本楼层，然后导航到目标客户门前。

### 8.3.3　物品递送功能

　　在生活服务场景中移动机器人需要具备递送生活物品的功能。需要在移动机器人身上增加物品储藏室，储藏室需要受移动机器人控制。

　　当收到客人发出的服务请求，例如需另加毛巾或瓶装水时，移动机器人会在收到请求后在最短时间内递送至客户指定地点。在午夜至早上 6 点之间，客人还可从夜宵菜单预订本地特色美食送至房间，一解半夜的饥饿。图 8.7 为移动机器人在为客户递送物品。

159

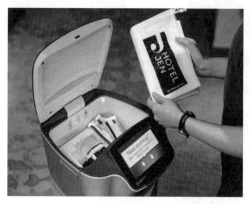
（a）递送生活用品

（b）递送食物

图 8.7　物品递送

## 8.4　项目步骤

### 8.4.1　应用系统连接

本项目硬件接线部分主要是搭建通信网络。智能移　❋ 物品递送项目程序编写及验证
动机器人在酒店中运行需要通过无线与上位机调度管理系统进行通讯连接，接受调度指令。因此需要在智能移动机器人的活动范围内覆盖无线网络，网络连接示意如图 8.8 所示。

图 8.8　应用系统连接

### 8.4.2　应用系统配置

本项目应用系统配置主要完成软件的调试，初始化使用等。主要完成两部分：

（1）完成移动机器人初始化，并和移动电脑建立通讯连接，为手动操纵创建地图做准备。

（2）完成移动机器人和路由器的桥接，通过主路由器连接到上位机，进而可以被上位机调度软件实时监控。

应用系统配置如图 8.9 所示，本项目无上位机，因此只完成移动机器人与移动电脑的通讯连接。

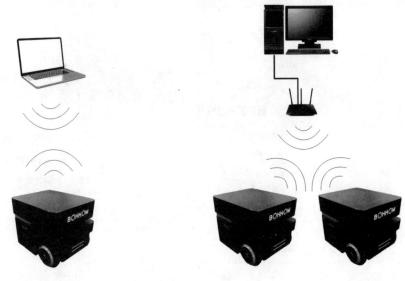

　　（a）移动机器人与移动电脑通信　　　　　　（b）移动机器人与上位机通信

图 8.9　应用系统配置

### 8.4.3　主体程序设计

主体程序主要完成生活服务场景的地图创建，设置虚拟门、虚拟墙，建立三个航点 WP1、WP2、WP3，编写运行程序。主体程序设计的主要步骤见表 8.1。

表 8.1　主体程序设计

| 序号 | 图片示例 | 操作步骤 |
|---|---|---|
| 1 |  | 首先启动 debian 系统，启动成功后，点击左上角的"应用程序"→"系统工具"→"终端"。打开 gnome 终端 |

续表 8.1

| 序号 | 图片示例 | 操作步骤 |
|---|---|---|
| 2 | 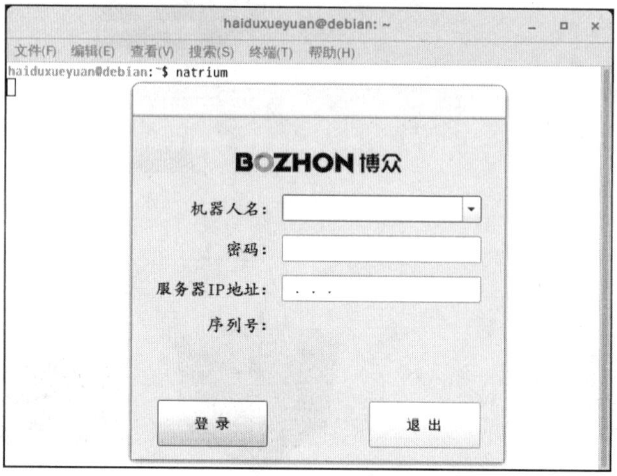 | 打开 Xfce 终端后输入"natrium"点击【ENTER】键，弹出主控 UI 界面 |
| 3 |  | 首次登录时在"机器人名"一栏中填写自定义名称"NEXT005"，填入默认密码"bohhom"及服务器 IP 地址"192.168.168.10"，点击【登录】。非首次登录时可在"机器人名"下拉框中选择要登录的机器人名，填入密码，点击【登录】 |
| 4 |  | 根据需要选择是否拉取配置文件。点击【确定】，拉取机器人端所有工程文件同步到 UI 的电脑端 |

162

续表 8.1

| 序号 | 图片示例 | 操作步骤 |
|------|---------|---------|
| 5 |  | 进入主界面 |
| 6 | 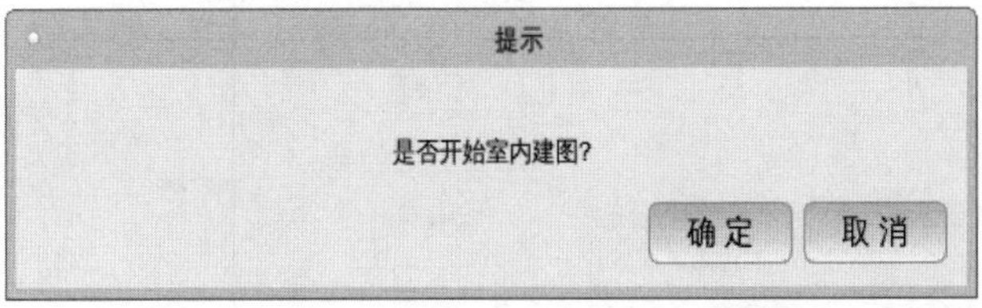 | 点击"工程管理"，选择"建图"选项，点击"室内建图"按钮，弹出提示对话框,点击【确定】开始室内建图 |
| 7 | 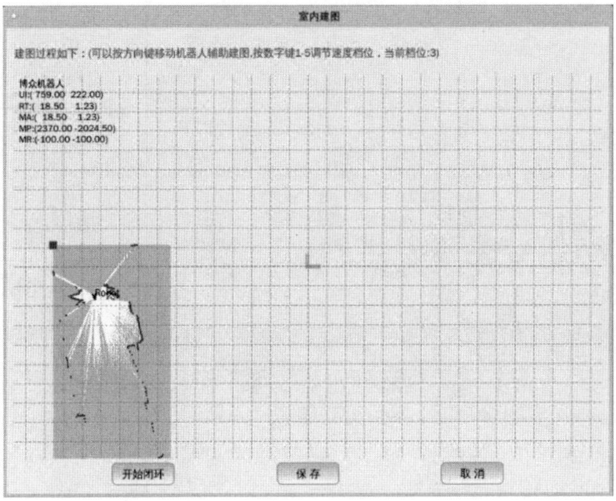 | 进入建图模式，点击【开始闭环】 |

163

续表 8.1

| 序号 | 图片示例 | 操作步骤 |
|------|----------|----------|
| 8 | 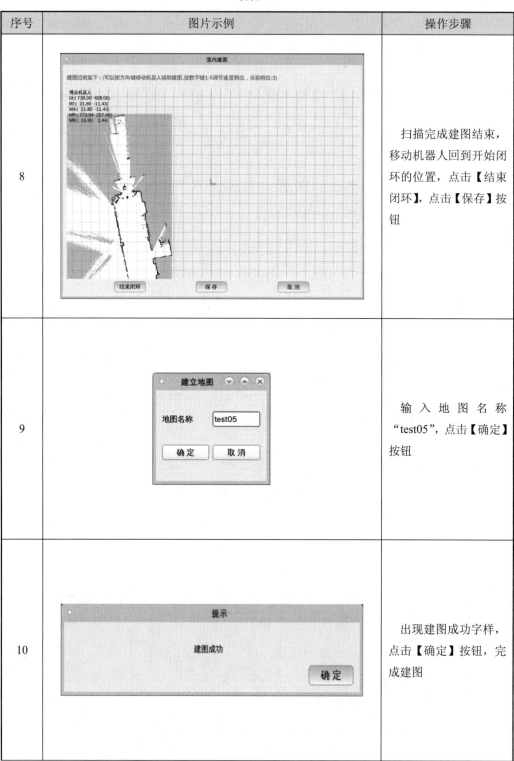 | 　扫描完成建图结束，移动机器人回到开始闭环的位置，点击【结束闭环】，点击【保存】按钮 |
| 9 |  | 　输入地图名称"test05"，点击【确定】按钮 |
| 10 |  | 　出现建图成功字样，点击【确定】按钮，完成建图 |

续表 8.1

| 序号 | 图片示例 | 操作步骤 |
|------|---------|---------|
| 11 | 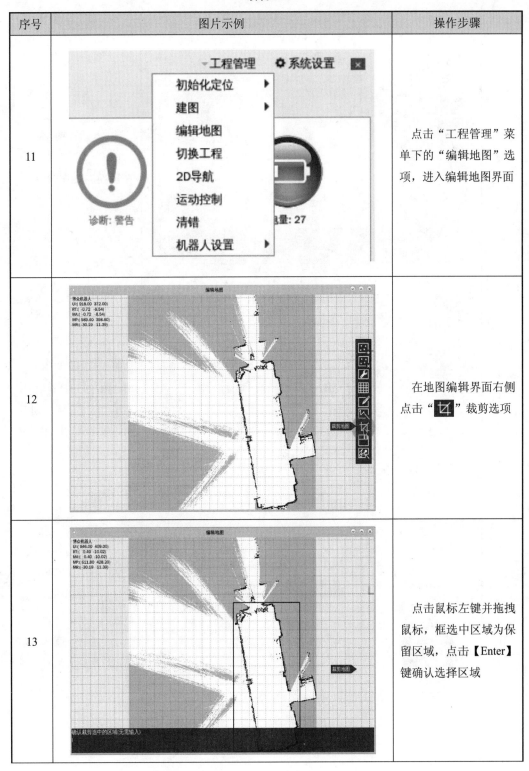 | 　　点击"工程管理"菜单下的"编辑地图"选项，进入编辑地图界面 |
| 12 | | 　　在地图编辑界面右侧点击"⛶"裁剪选项 |
| 13 | | 　　点击鼠标左键并拖拽鼠标，框选中区域为保留区域，点击【Enter】键确认选择区域 |

续表 8.1

| 序号 | 图片示例 | 操作步骤 |
|------|----------|----------|
| 14 | 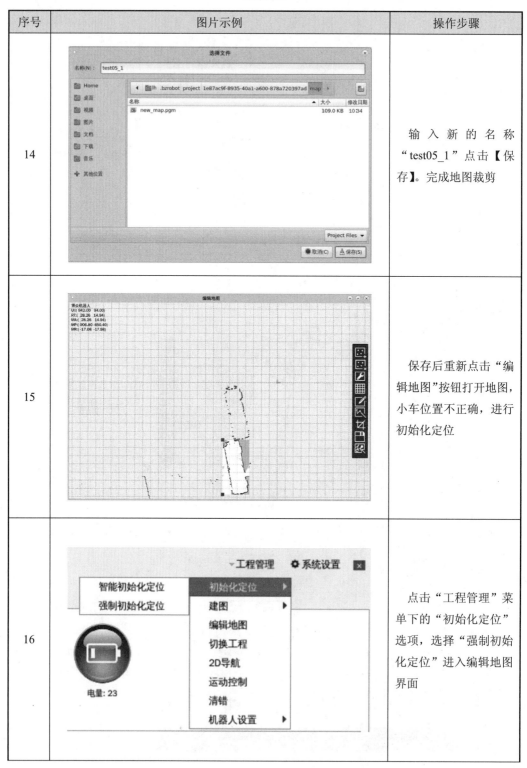 | 输 入 新 的 名 称 "test05_1" 点击【保存】。完成地图裁剪 |
| 15 | | 保存后重新点击"编辑地图"按钮打开地图，小车位置不正确，进行初始化定位 |
| 16 | | 点击"工程管理"菜单下的"初始化定位"选项，选择"强制初始化定位"进入编辑地图界面 |

续表 8.1

| 序号 | 图片示例 | 操作步骤 |
|---|---|---|
| 17 | 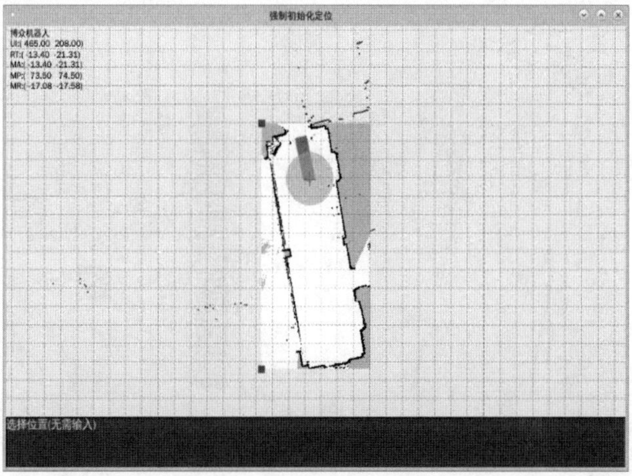 | 鼠标左键选择机器人在地图中的具体位置，按住左键选择机器人的方向 |
| 18 | 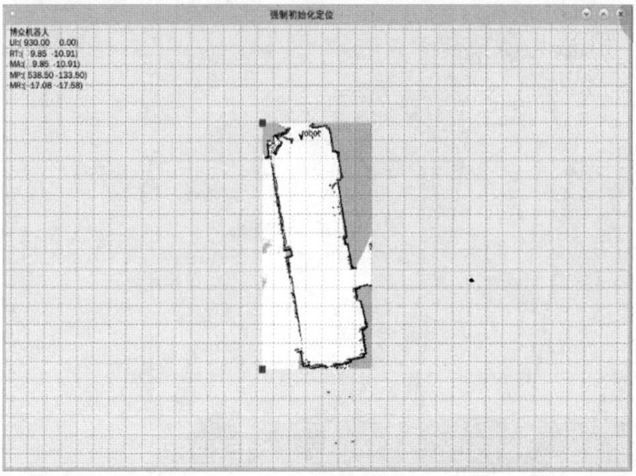 | 初始化定位完成 |
| 19 | 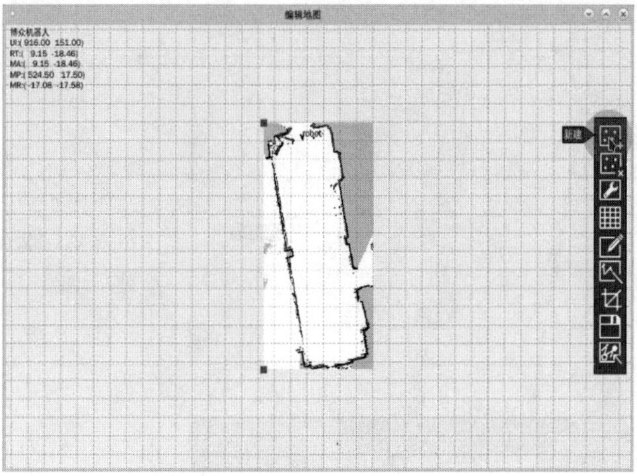 | 点击"工程管理"菜单下的"编辑地图"选项，进入编辑地图界面。点击" "新建图标 |

续表 **8.1**

| 序号 | 图片示例 | 操作步骤 |
|------|---------|---------|
| 20 | 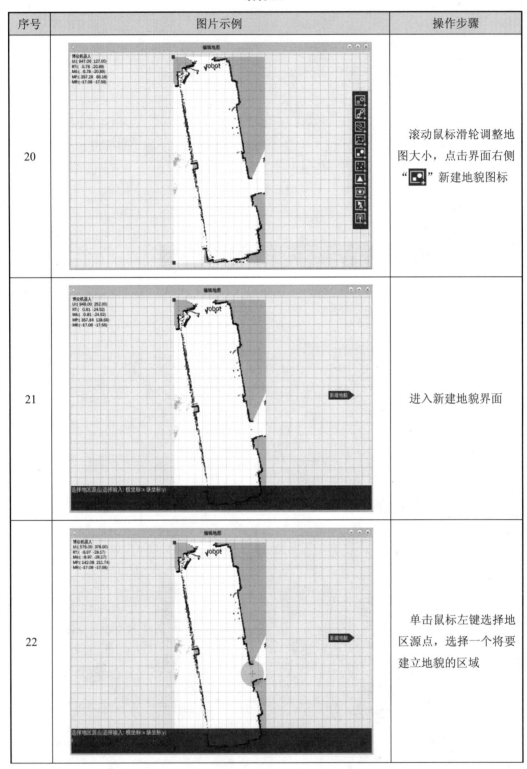 | 滚动鼠标滑轮调整地图大小，点击界面右侧"⬛"新建地貌图标 |
| 21 | | 进入新建地貌界面 |
| 22 | | 单击鼠标左键选择地区源点，选择一个将要建立地貌的区域 |

续表 8.1

| 序号 | 图片示例 | 操作步骤 |
|---|---|---|
| 23 | 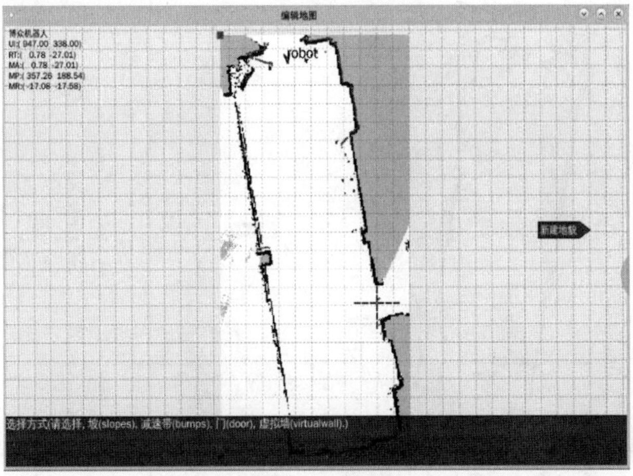 | 键盘输入 "v"，选择虚拟墙 |
| 24 | 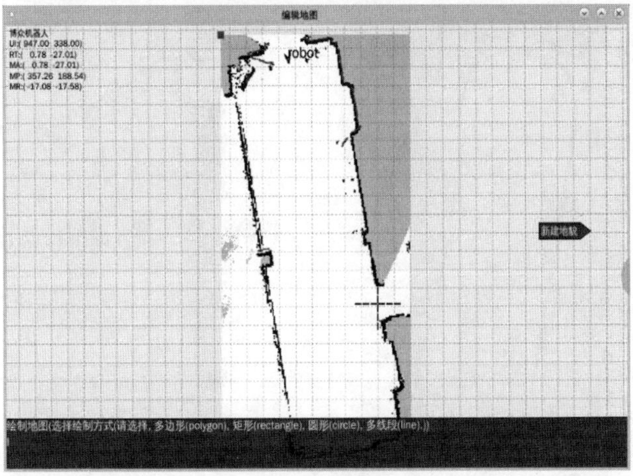 | 键盘输入小写英文字母 "l"，选择多线段 |
| 25 | 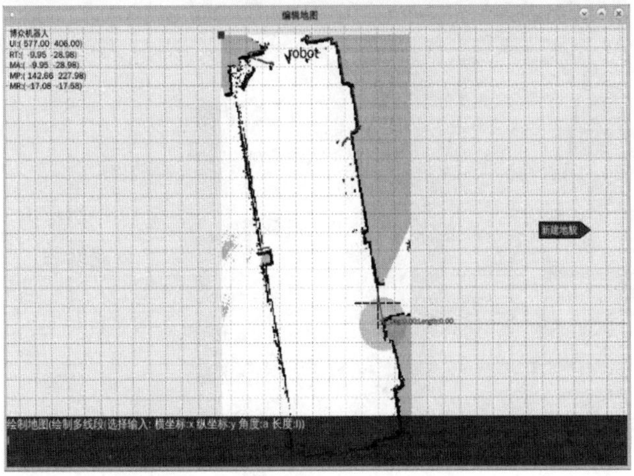 | 按住鼠标左键选择虚拟门的起点，拖动鼠标到虚拟门的终点，按【Enter】键结束 |

续表 8.1

| 序号 | 图片示例 | 操作步骤 |
|------|----------|----------|
| 26 | | 按【Enter】确认选择默认线段宽度 |
| 27 | | 虚拟门新建完成 |
| 28 | | 再次点击"■"图标新建地貌。 |

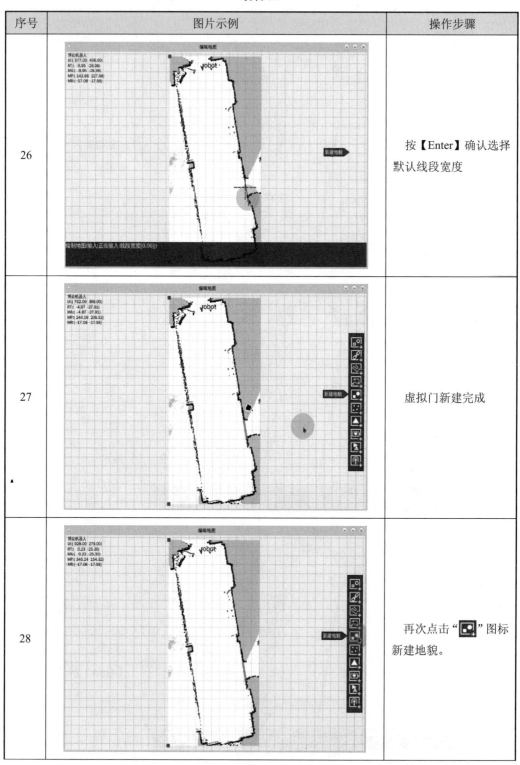

续表 8.1

| 序号 | 图片示例 | 操作步骤 |
|---|---|---|
| 29 | 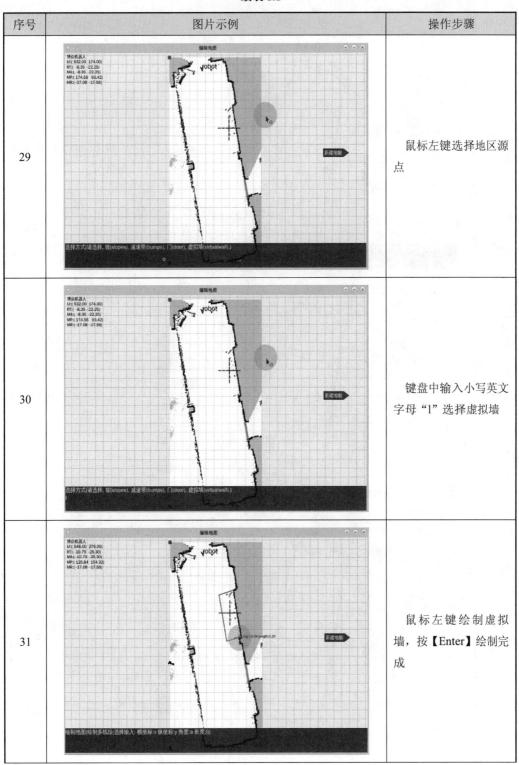 | 鼠标左键选择地区源点 |
| 30 | | 键盘中输入小写英文字母"l"选择虚拟墙 |
| 31 | | 鼠标左键绘制虚拟墙，按【Enter】绘制完成 |

171

续表 8.1

| 序号 | 图片示例 | 操作步骤 |
|---|---|---|
| 32 | 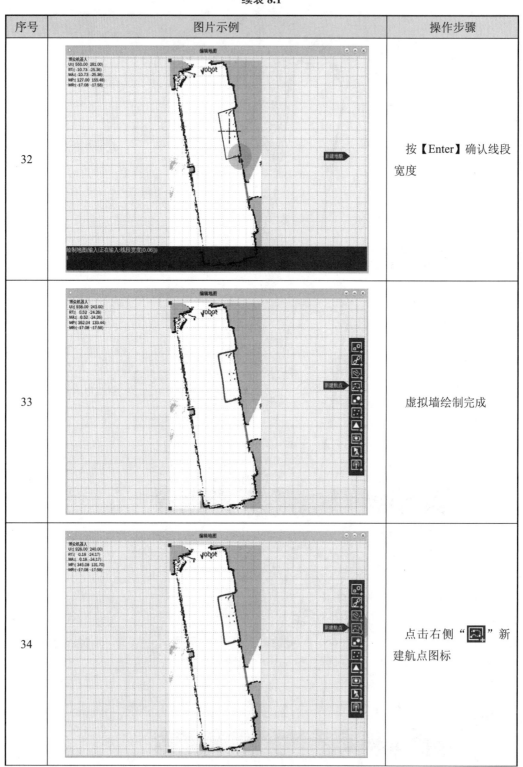 | 按【Enter】确认线段宽度 |
| 33 | | 虚拟墙绘制完成 |
| 34 | | 点击右侧 "▣" 新建航点图标 |

续表 8.1

| 序号 | 图片示例 | 操作步骤 |
|------|---------|---------|
| 35 | 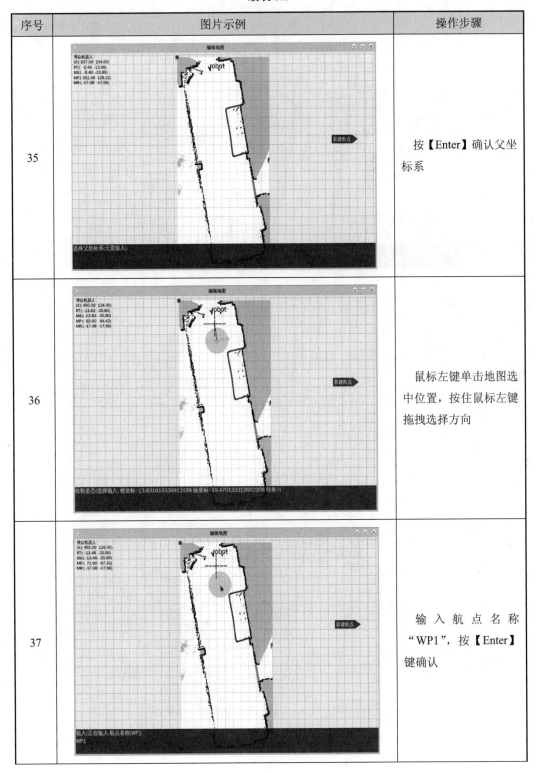 | 按【Enter】确认父坐标系 |
| 36 | | 鼠标左键单击地图选中位置，按住鼠标左键拖拽选择方向 |
| 37 | | 输入航点名称"WP1"，按【Enter】键确认 |

续表 8.1

| 序号 | 图片示例 | 操作步骤 |
|---|---|---|
| 38 | 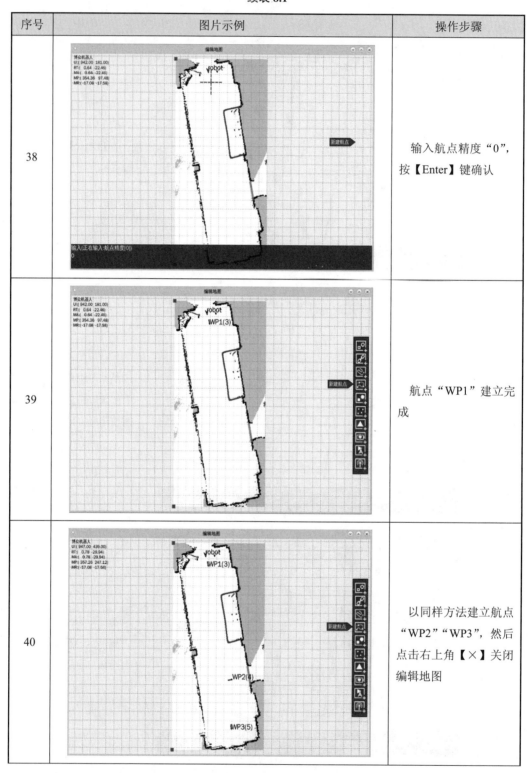 | 输入航点精度"0"，按【Enter】键确认 |
| 39 | | 航点"WP1"建立完成 |
| 40 | | 以同样方法建立航点"WP2""WP3"，然后点击右上角【×】关闭编辑地图 |

续表 8.1

| 序号 | 图片示例 | 操作步骤 |
|------|----------|----------|
| 41 | 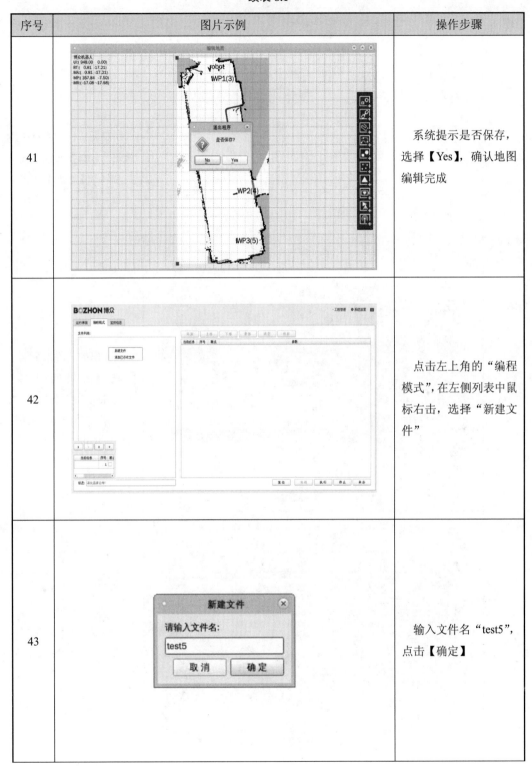 | 系统提示是否保存，选择【Yes】，确认地图编辑完成 |
| 42 | | 点击左上角的"编程模式"，在左侧列表中鼠标右击，选择"新建文件" |
| 43 | | 输入文件名"test5"，点击【确定】 |

续表 8.1

| 序号 | 图片示例 | 操作步骤 |
|------|----------|----------|
| 44 | 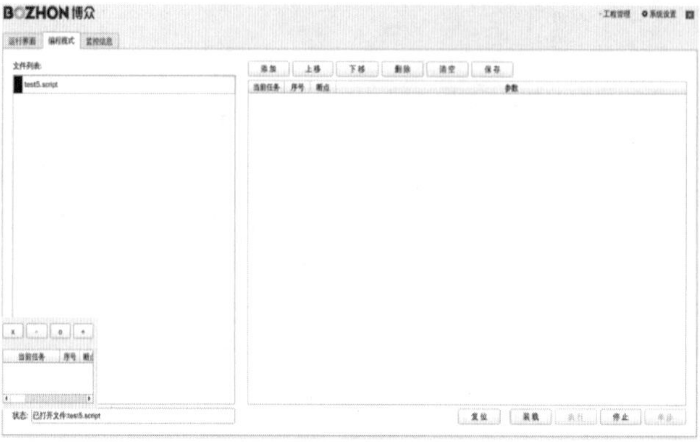 | 在左侧文件列表选中新建"test5"文件，在右侧单击【添加】按钮 |
| 45 | 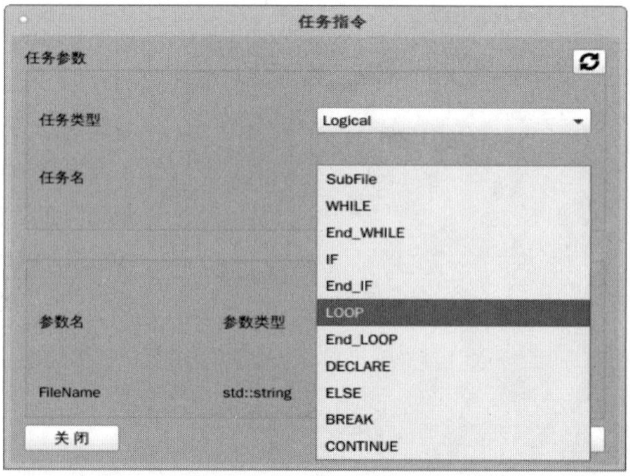 | 在弹出的任务指令框中选择任务类型为"Logical"逻辑指令，在任务名下拉菜单中选择"LOOP" |
| 46 | 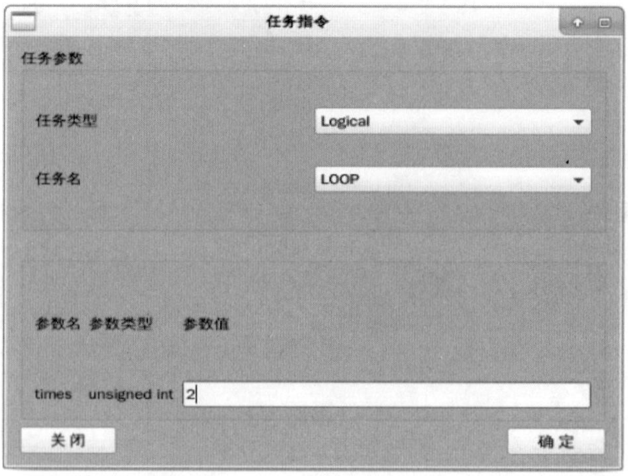 | 在参数值中写入数字"2"，点击【确定】 |

续表 8.1

| 序号 | 图片示例 | 操作步骤 |
|---|---|---|
| 47 | 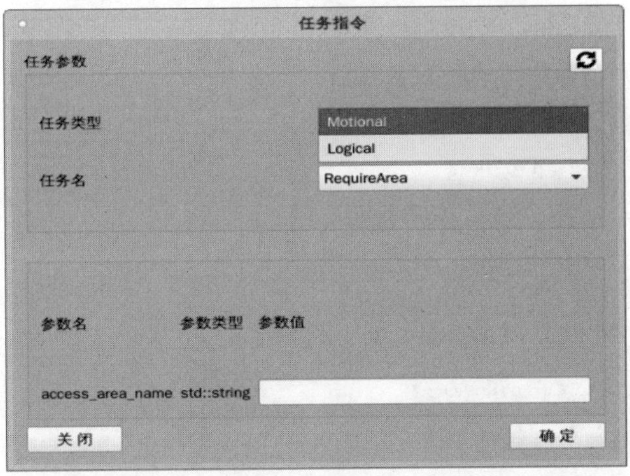 | 在任务指令框中选择任务类型为"Motional"运动指令 |
| 48 | 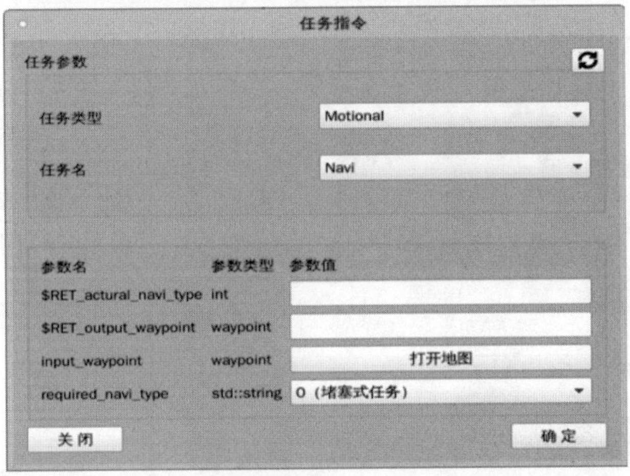 | 在任务名下拉菜单中选择"Navi"任务名，点击"打开地图"选项 |
| 49 | 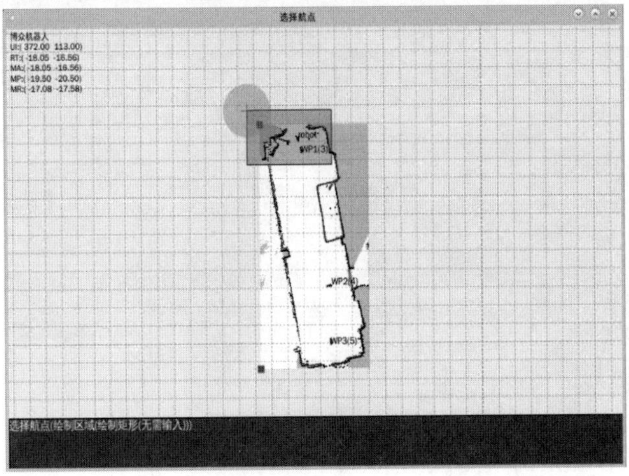 | 使用鼠标左键框选航点"WP1"，按【Enter】确认 |

续表 8.1

| 序号 | 图片示例 | 操作步骤 |
|------|----------|----------|
| 50 | 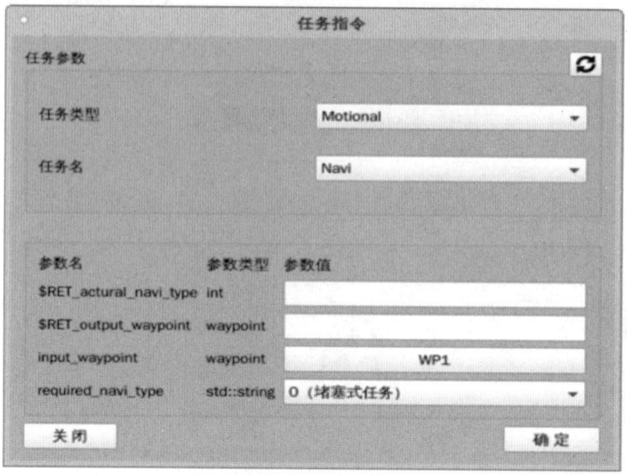 | 点击【确定】按钮，添加完成第一个航点。点击"WP1"打开地图 |
| 51 | 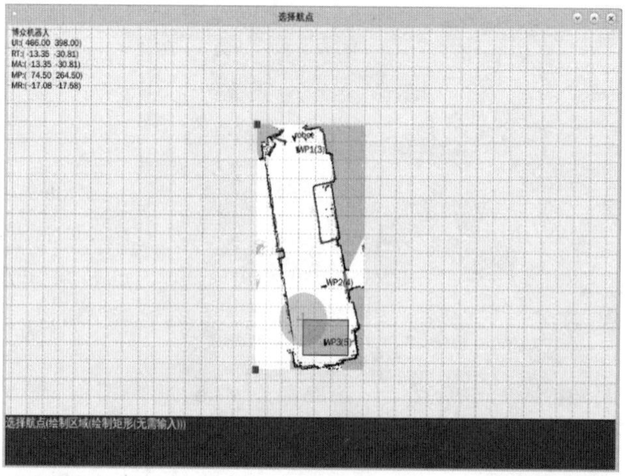 | 使用鼠标左键框选航点"WP3"，按【Enter】确认 |
| 52 | 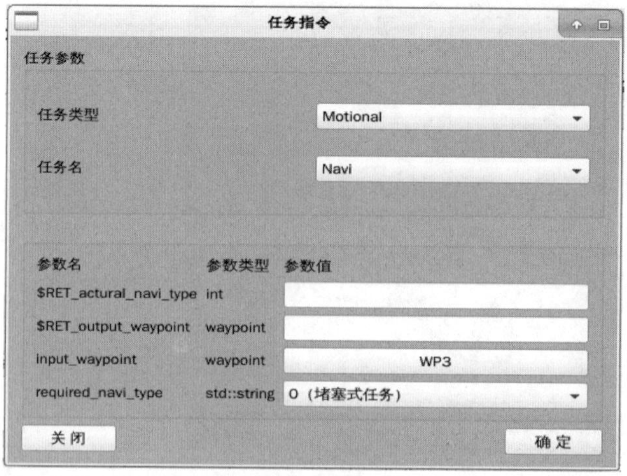 | 点击【确定】按钮，添加完成第二个航点。点击"WP3"打开地图 |

续表 8.1

| 序号 | 图片示例 | 操作步骤 |
|---|---|---|
| 53 | 博众机器人<br>Ut: 447.00 330.00)<br>RT: (-14.30 -27.41)<br>MR: (-14.30 -27.41)<br>MP: (55.50 196.50)<br>MR: (-17.08 -17.58)<br><br>WP1(3...<br>WP2(...<br>WP3(5...<br><br>选择航点(绘制区域(绘制矩形(无需输入)) | 使用鼠标左键框选航点"WP2",按【Enter】确认 |
| 54 | 任务指令<br>任务参数<br>任务类型 Motional<br>任务名 Navi<br><br>参数名　　参数类型 参数值<br>$RET_actural_navi_type　int<br>$RET_output_waypoint　waypoint<br>input_waypoint　waypoint　WP2<br>required_navi_type　std::string　0（堵塞式任务）<br>关闭　　　　　　确定 | 点击【确定】按钮,添加完成第三个航点 |
| 55 | 任务指令<br>任务参数<br>任务类型 Motional<br>　　　　Logical<br>任务名 Navi<br><br>参数名　　参数类型 参数值<br>$RET_actural_navi_type　int<br>$RET_output_waypoint　waypoint<br>input_waypoint　waypoint　WP2<br>required_navi_type　std::string　0（堵塞式任务）<br>关闭　　　　　　确定 | 任务类型重新选择"Logical"逻辑指令 |

续表 **8.1**

| 序号 | 图片示例 | 操作步骤 |
|------|----------|----------|
| 56 | | 在任务名下拉菜单中选择"End_LOOP" |
| 57 | | 点击【确认】按钮，然后点击【关闭】按钮关闭任务指令 |
| 58 | | 程序编写完成 |

### 8.4.4　关联程序设计

关联程序设计主要完成 3 部分内容。

**1. 调度系统与电梯控制系统信息交互设计**

多层建筑中，移动机器人需要乘坐电梯到达各个楼层，关联程序需要完成移动机器人与电梯的信息交互，移动机器人可以通过调度系统完成呼叫电梯、乘坐电梯、关闭电梯等任务。

**2. 调度系统程序设计**

主要完成任务指派功能，由工作人员输入移动机器人的目的地，然后调度系统下发命令给移动机器人完成递送任务。

**3. 移动机器人充电程序设计**

移动机器人执行一次任务后，电量会减少。需要根据生产任务设计移动机器人的充电程序。一般设定移动机器人的电量值，当移动机器人电量低于设定值时，移动机器人自主导航到充电区域进行充电。

本项目仅利用 NEXT 智能移动机器人仿真运行路线，因此无须设计关联程序。

### 8.4.5　项目程序调试

本项目主要调试移动机器人是否可以实现从航点 WP1 自主导航到航点 WP3，然后再运行到 WP2，循环执行两次。项目程序调试的具体步骤见表 8.2。

表 8.2　项目程序调试

| 序号 | 图片示例 | 操作步骤 |
|---|---|---|
| 1 | | 点击软件左上角"编辑模式"，选中程序"test5"，点击右下角【装载】按钮 |

续表 8.2

| 序号 | 图片示例 | 操作步骤 |
|---|---|---|
| 2 |  | 将左下角程序显示框图拉大，点击【单步】按钮，程序开始执行 |
| 3 |  | 再次点击【单步】按钮，程序第一步准备完成，循环次数减 |
| 4 | 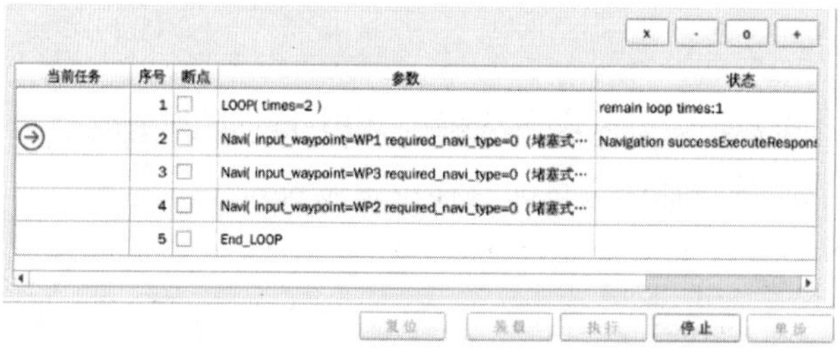 | 继续点击【单步】按钮，程序执行，移动机器人移动到第一个航点"WP1" |
| 5 | 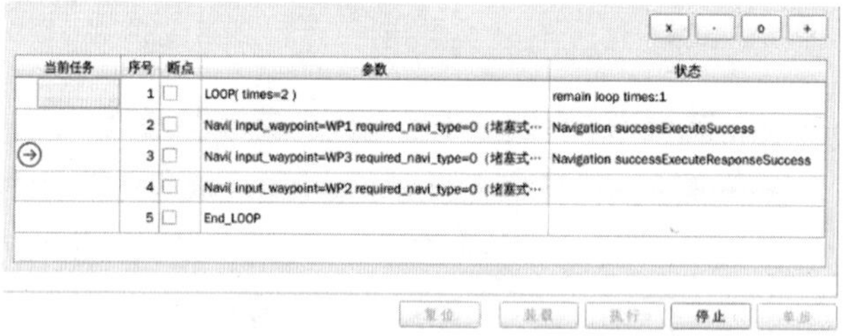 | 上一步程序执行完成，继续点击【单步】按钮，移动机器人移动到第二个航点"WP3" |
| 6 | 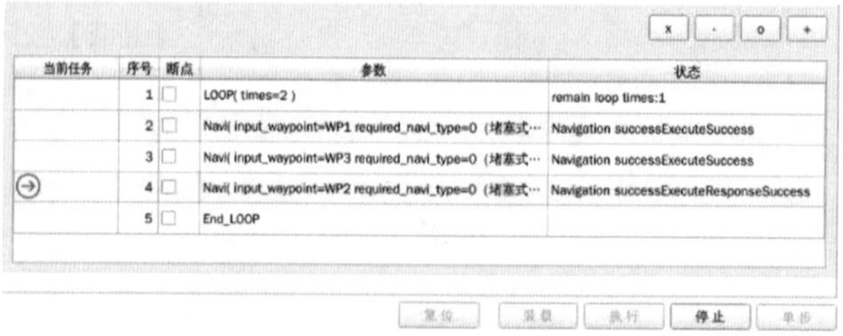 | 上一步程序执行完成，继续点击【单步】按钮，移动机器人移动到第三个航点"WP2" |

续表8.2

| 序号 | 图片示例 | 操作步骤 |
|---|---|---|
| 7 | <table><tr><td>当前任务</td><td>序号</td><td>断点</td><td>参数</td><td>状态</td></tr><tr><td></td><td>1</td><td>☐</td><td>LOOP( times=2 )</td><td>remain loop times:0</td></tr><tr><td>→</td><td>2</td><td>☐</td><td>Navi( input_waypoint=WP1 required_navi_type=0 (堵塞式)</td><td>ready</td></tr><tr><td></td><td>3</td><td>☐</td><td>Navi( input_waypoint=WP3 required_navi_type=0 (堵塞式)</td><td>Navigation successExecuteSuccess</td></tr><tr><td></td><td>4</td><td>☐</td><td>Navi( input_waypoint=WP2 required_navi_type=0 (堵塞式)</td><td>Navigation successExecuteSuccess</td></tr><tr><td></td><td>5</td><td>☐</td><td>End_LOOP</td><td></td></tr></table> 复位　暂停　执行　停止　单步 | 继续点击【单步】按钮，程序执行第二遍循环 |
| 8 | <table><tr><td>当前任务</td><td>序号</td><td>断点</td><td>参数</td><td>状态</td></tr><tr><td></td><td>1</td><td>☐</td><td>LOOP( times=2 )</td><td>remain loop times:0</td></tr><tr><td></td><td>2</td><td>☐</td><td>Navi( input_waypoint=WP1 required_navi_type=0 (堵塞式)</td><td>Navigation successExecuteSuccess</td></tr><tr><td></td><td>3</td><td>☐</td><td>Navi( input_waypoint=WP3 required_navi_type=0 (堵塞式)</td><td>Navigation successExecuteSuccess</td></tr><tr><td>→</td><td>4</td><td>☐</td><td>Navi( input_waypoint=WP2 required_navi_type=0 (堵塞式)</td><td>Navigation successExecuteResponseSuccess</td></tr><tr><td></td><td>5</td><td>☐</td><td>End_LOOP</td><td></td></tr></table> 复位　暂停　执行　停止　单步 | 继续点击【单步】按钮，程序可继续单步执行，直到程序结束 |
| 9 | 状态: 所有任务执行结束 | 程序执行完成，界面左下角状态栏会显示"所有任务执行结束" |

183

## 8.4.6　项目总体运行

本项目无上位机软件，因此使用调试电脑直接运行程序。具体步骤见表8.3。

表8.3　项目总体运行

| 序号 | 图片示例 | 操作步骤 |
|---|---|---|
| 1 |  | 点击软件左上角"编辑模式"，选中程序"test5"，点击右下角【装载】按钮 |

续表 8.3

| 序号 | 图片示例 | 操作步骤 |
|---|---|---|
| 2 |  | 将左下角程序显示框图拉大，点击【执行】按钮，程序开始连续执行 |
| 3 | | 程序执行完成自动停止，按【停止】键，程序可立即停止 |
| 4 | 状态：所有任务执行结束 | 程序执行完成，界面左下角状态栏会显示"所有任务执行结束" |

## 8.5  项目验证

### 8.5.1  效果验证

移动机器人完成了地图创建，可以根据程序从航点 WP1 自主导航运行到航点 WP3，再自主导航到航点 WP2，并循环运行 2 次，遇到障碍物可以实现自主避障，如图 8.10 所示。

（a）航点 WP1

（b）航点 WP2

（c）航点 WP3

（d）避开障碍物

图 8.10　效果验证

## 8.5.2　数据验证

移动机器人在实物场景中到达了航点 WP1、WP2 和 WP3，打开地图编辑界面查看是否与实物场景一致，软件监控数据如图 8.11 所示，基本与实物场景一致。

（a）航点 WP1

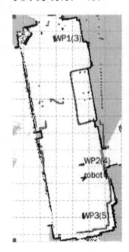

（b）航点 WP2

图 8.11　数据验证

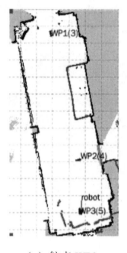 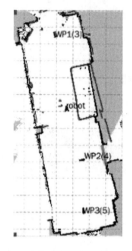

（c）航点 WP3　　　　　　　　　　　（d）避开障碍物

续图 8.11

# 8.6　项目总结

## 8.6.1　项目评价

完成本项目基本训练后，填写项目评价表（表 8.4），记录项目完成进度。

表 8.4　项目评价表

| 项目评价表 | | 自评 | 互评 | 完成情况说明 |
|---|---|---|---|---|
| 项目分析 | 1. 硬件构架分析 | | | |
| | 2. 软件构架分析 | | | |
| | 3. 项目流程分析 | | | |
| 项目要点 | 1. 系统网络搭建 | | | |
| | 2. 地图创建 | | | |
| | 3. 物品递送功能 | | | |
| 项目步骤 | 1. 应用系统连接 | | | |
| | 2. 应用系统配置 | | | |
| | 3. 主体程序设计 | | | |
| | 4. 关联程序设计 | | | |
| | 5. 项目程序调试 | | | |
| | 6. 项目运行调试 | | | |
| 项目验证 | 1. 效果验证 | | | |
| | 2. 数据验证 | | | |

**8.6.2　项目拓展**

项目拓展 1：利用 NEXT 智能移动机器人在教室、实验室等场景创建地图。

项目拓展 2：使用 bzrobot_ui 软件编辑项目拓展 1 创建的地图，设立 2 个航点，完成 NEXT 智能移动机器人在 2 个航点之间自主导航循环运送 2 次的任务，运行路线如图 8.12 所示。

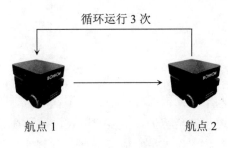

图 8.12　运行路线

# 第9章 基于公共安防场景的自主巡检项目

## 9.1 项目目的

### 9.1.1 项目背景

※ 自主巡检项目要点分析

越来越多的移动机器人出现在机场、广场、车站、码头、医院和居民小区等公共区域，它们主要进行日常巡逻与安全防护，实现对特定区域环境、人员、车辆、意外事件等要素的信息感知，帮助安防工作人员完成基础型、重复性、危险性的巡逻、消毒等工作，同时有效保障重点人群、重大设施和重要区域的安全，图9.1为移动机器人在执行车站巡检和医院消毒任务。

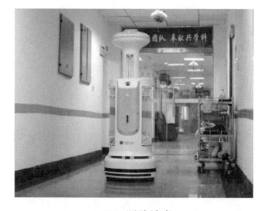

（a）车站巡检　　　　　　　　　　　　　　　（b）医院消毒

图9.1　公共安防

本项目基于公共安防场景，以 NEXT 智能移动机器人为例，详细介绍了在公共安防场景中，实现移动机器人自主导航、巡逻需要搭建的硬件设施、系统配置等信息，学习公共安防区域地图创建和程序编写方法。

本章利用 NEXT 智能移动平台，模拟在公共安防场景中移动机器人建立地图、自主导航巡查路线的过程。主要完成内容如下：

（1）完成移动机器人建立地图，实物场景如图9.2所示。

（2）设置三个不同航点 WP0、WP1 和 WP2，分别代表三个巡查工位。

（3）编写程序实现移动机器人从航点 WP0 自主导航移动到 WP1，然后避开人为设置的障碍物自主导航到 WP2，循环 2 次后停止在 WP2 位置。如图 9.3 所示。

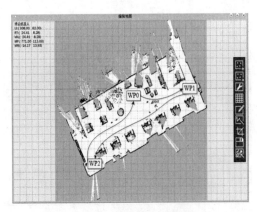

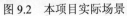

图 9.2　本项目实际场景　　　　　图 9.3　公共安防场景巡检路线

### 9.1.2　项目需求

本项目主要需求是移动机器人可以在公共安防场景中，自主导航完成不同位置之间的巡视检查任务。

### 9.1.3　项目目的

（1）了解公共安防场景中智能移动机器人的应用原理。

（2）学习公共安防场景中智能移动机器人系统搭建方法。

（3）掌握公共安防场景中智能移动机器人自主导航应用。

## 9.2　项目分析

### 9.2.1　项目构架

本项目主要由实物场景、上位机调度系统和移动机器人组成。移动机器人扫描实物场景，若发现可疑情况，上报给上位机，由相关工作人员处理，项目构架如图 9.4 所示。

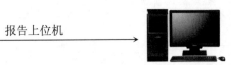

移动机器人巡检

图 9.4　项目构架

### 9.2.2　项目流程

本项目主要流程如图 9.5 所示。

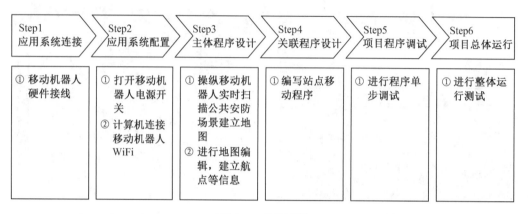

| Step1<br>应用系统连接 | Step2<br>应用系统配置 | Step3<br>主体程序设计 | Step4<br>关联程序设计 | Step5<br>项目程序调试 | Step6<br>项目总体运行 |
|---|---|---|---|---|---|
| ① 移动机器人硬件接线 | ① 打开移动机器人电源开关<br>② 计算机连接移动机器人WiFi | ① 操纵移动机器人实时扫描公共安防场景建立地图<br>② 进行地图编辑，建立航点等信息 | ① 编写站点移动程序 | ① 进行程序单步调试 | ① 进行整体运行测试 |

图 9.5　项目流程

## 9.3　项目要点

### 9.3.1　系统网络搭建

保证移动机器人在公共区域的稳定运行，需要和上位机实时保持数据通信，系统网络主要由智能移动机器人、上位机调度管理系统和无线局域网等设施组成。

网络搭建，使用网线将上位机与 1 个主路由器连接，其他路由器使用网线依次连接。将路由器分散放置在高处固定，使无线网络尽可能的覆盖移动机器人的运行范围，保证移动机器人与上位机网络通信不中断，网络连接示意如图 9.6 所示。

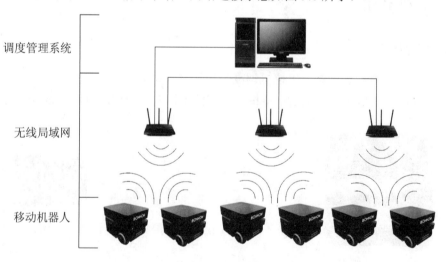

图 9.6　网络连接示意图

### 9.3.2　地图创建

公共场景地形相对复杂，有可能会有池塘、桥等对于移动机器人是危险的区域，如图 9.7 所示。这种情况下，在地图设置中需要设置移动机器人的禁行区域。实际场景中有坡度的区域，在地图中也需要设置相应虚拟坡度，当移动机器人经过此路段时会注意减速，缓慢通过。

　　　　（a）小区池塘　　　　　　　　　　　　　　（b）公园拱桥

图 9.7　室外复杂场景

### 9.3.3　安防功能

普通的移动机器人一般不具有公共安防功能。若移动机器人需要具备安防功能，需要改造移动机器人，增加相应的安防设备。

增加摄像装置、温度、烟雾、声音采集等传感器后，既可以通过自建地图规划巡检路径，又可以进行 360° 的全方位视频监控，实时上传巡检信息，让公共区域的一切尽在掌握。在信息反馈上，移动机器人可以同时进行热成像、高清摄像、声音、温度、湿度、烟雾、光照等信息采集，公共场所里任何参数的异动都会被它“尽收眼底”。以火警为例，一旦有险情发生，巡检机器人便会根据热成像、温度、湿度、烟感传感器信息，融合判断火情危险等级，及时通知工作人员处理，图 9.8 为移动机器人在执行巡检任务。

　　　　（a）温度检测　　　　　　　　　　　　　　（b）360° 巡检

图 9.8　移动机器人安全巡查

## 9.4 项目步骤

### 9.4.1 应用系统连接

本项目主要完成无线网络的连接和移动机器人的安防功能搭建，无线网络搭建按照图9.9所示连接即可。

❋ 自主巡检项目程序编写及验证

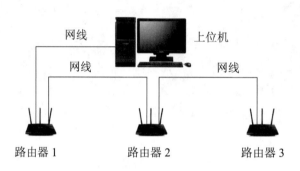

图 9.9 应用系统连接

### 9.4.2 应用系统配置

警用机器人系统由移动平台载体、警务功能模块、网络通信系统和数据操控指控平台四大模块组成，其中移动平台载体搭载警务功能模块组成巡逻安保机器人前端。警用机器人系统涉及的技术热点包含：导航定位、计算机视觉、目标跟踪、智能化检测识别与传感器技术、警务应用模式5个方面。

应用系统配置主要完成两部分：

（1）完成移动机器人初始化，并和移动电脑建立通讯连接，为手动操纵创建地图做准备。

（2）完成移动机器人和路由器的桥接，通过主路由器连接到上位机，进而可以被上位机调度软件实时监控。

应用系统配置如图 9.10 所示，本项目无上位机，因此只完成移动机器人与移动电脑的通讯连接。

（a）移动机器人与移动电脑通信　　　　（b）移动机器人与上位机通信

图 9.10　应用系统配置

### 9.4.3　主体程序设计

主体程序主要完成公共安防场景的地图创建，设置移动机器人的航点信息；编写运行程序。主体程序设计的具体步骤见表 9.1。

**表 9.1　主体程序设计步骤**

| 序号 | 图片示例 | 操作步骤 |
|---|---|---|
| 1 | 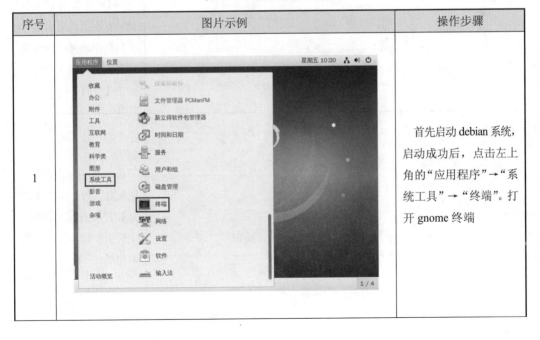 | 首先启动 debian 系统，启动成功后，点击左上角的"应用程序"→"系统工具"→"终端"。打开 gnome 终端 |

续表 9.1

| 序号 | 图片示例 | 操作步骤 |
|---|---|---|
| 2 | | 打开 Xfce 终端后输入"natrium"点击【ENTER】键，弹出主控 UI 界面 |
| 3 | | 首次登录时在"机器人名"一栏中填写自定义名称"NEXT005"，填入默认密码"bohhom"及服务器 IP 地址"192.168.168.10"，点击【登录】。非首次登录时可在"机器人名"下拉框中选择要登录的机器人名，填入密码，点击【登录】 |
| 4 | | 根据需要选择是否拉取配置文件。点击【确定】，拉取机器人端所有工程文件同步到 UI 的电脑端 |

194

续表 9.1

| 序号 | 图片示例 | 操作步骤 |
|------|----------|----------|
| 5 |  | 进入主界面 |
| 6 | 提示<br><br>是否开始室内建图?<br><br>确　定　　取　消 | 点击"工程管理"，选择"建图"选项，点击"室内建图"按钮，弹出提示对话框，点击【确定】开始室内建图 |
| 7 | 室内建图<br><br>建图过程如下：(可以按方向键移动机器人辅助建图,按数字键1-5调节速度档位,当前档位:3)<br><br>开始闭环　　保存　　取消 | 进入建图模式 |

195

续表 **9.1**

| 序号 | 图片示例 | 操作步骤 |
|---|---|---|
| 8 | 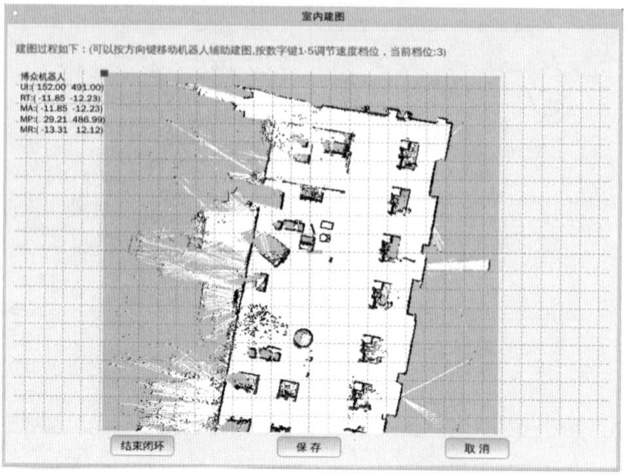 | 操纵移动机器人完成扫描场景后，点击【保存】按钮 |
| 9 |  | 输入地图名称"test06"，点击【确定】按钮 |
| 10 |  | 出现建图成功字样，点击【确定】按钮，完成建图 |

续表 9.1

| 序号 | 图片示例 | 操作步骤 |
|------|----------|----------|
| 11 | 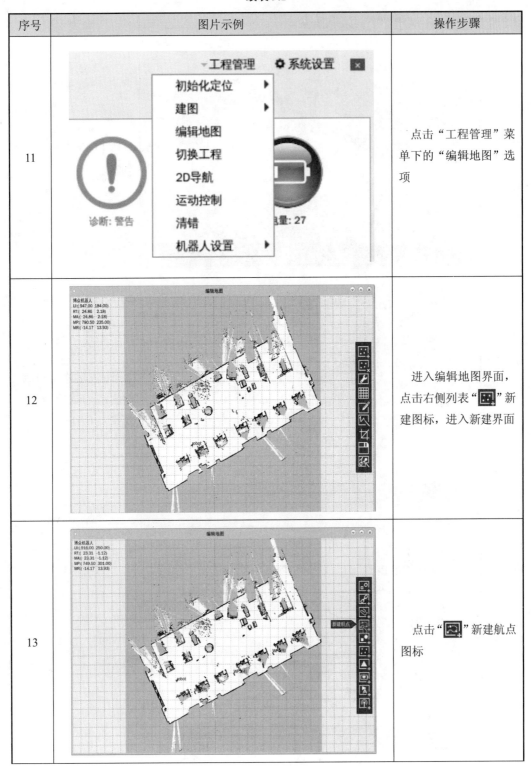 | 　点击"工程管理"菜单下的"编辑地图"选项 |
| 12 | | 　进入编辑地图界面，点击右侧列表"▣"新建图标，进入新建界面 |
| 13 | | 　点击"▣"新建航点图标 |

续表 9.1

| 序号 | 图片示例 | 操作步骤 |
|---|---|---|
| 14 | 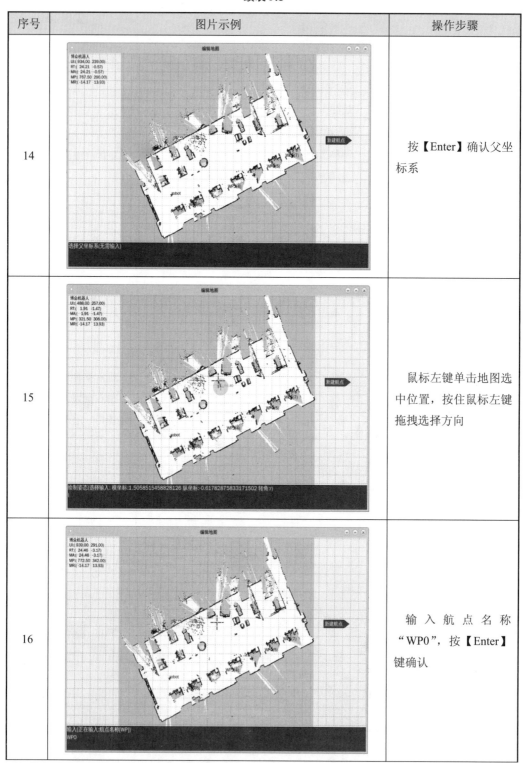 | 按【Enter】确认父坐标系 |
| 15 | | 鼠标左键单击地图选中位置，按住鼠标左键拖拽选择方向 |
| 16 | | 输入航点名称"WP0"，按【Enter】键确认 |

续表 9.1

| 序号 | 图片示例 | 操作步骤 |
|------|----------|----------|
| 17 | 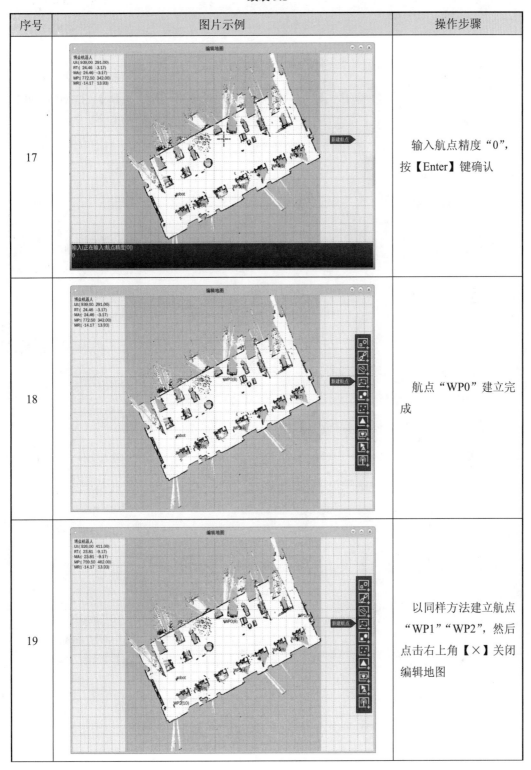 | 输入航点精度 "0"，按【Enter】键确认 |
| 18 | | 航点 "WP0" 建立完成 |
| 19 | | 以同样方法建立航点 "WP1" "WP2"，然后点击右上角【×】关闭编辑地图 |

续表 9.1

| 序号 | 图片示例 | 操作步骤 |
|------|----------|----------|
| 20 |  | 系统提示是否保存，选择【Yes】，确认地图编辑完成 |
| 21 | | 点击左上角的"编程模式"，在左侧列表中鼠标右击，选择"新建文件" |
| 22 | | 输入文件名"test6"，点击【确定】 |
| 23 | | 在左侧文件列表双击选中新建"test6"文件，在右侧单击【添加】按钮 |

续表 9.1

| 序号 | 图片示例 | 操作步骤 |
|---|---|---|
| 24 | 任务指令<br>任务参数<br>任务类型　Logical<br>任务名<br>SubFile<br>WHILE<br>End_WHILE<br>IF<br>End_IF<br>LOOP<br>End_LOOP<br>DECLARE<br>ELSE<br>参数名　参数类型<br>FileName　std::string　BREAK<br>关闭　CONTINUE | 在弹出的任务指令框中选择任务类型为"Logical"逻辑指令，在任务名下拉菜单中选择"LOOP" |
| 25 | 任务指令<br>任务参数<br>任务类型　Logical<br>任务名　LOOP<br>参数名　参数类型　参数值<br>times　unsigned int　2<br>关闭　确定 | 在"参数值"中写入数字"2"，点击【确定】 |
| 26 | 任务指令<br>任务参数<br>任务类型　Motional<br>　　　　Logical<br>任务名　RequireArea<br>参数名　参数类型　参数值<br>access_area_name std::string<br>关闭　确定 | 在任务指令框中选择任务类型为"Motional"运动指令 |

201

续表 **9.1**

| 序号 | 图片示例 | 操作步骤 |
|------|----------|----------|
| 27 | | 在任务名下拉菜单中选择"Navi"任务名，点击"打开地图"选项 |
| 28 | | 使用鼠标左键框选航点"WP0" |
| 29 | | 按【Enter】键确认选择 |

续表 9.1

| 序号 | 图片示例 | 操作步骤 |
|---|---|---|
| 30 | 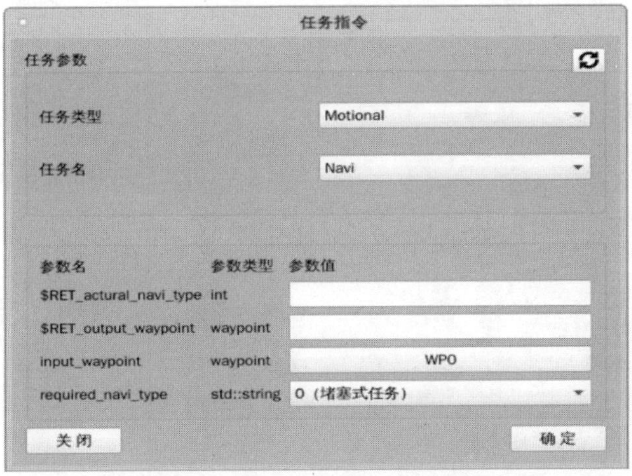 | 　点击【确定】按钮，完成添加第一个航点。再次点击"WP0"打开地图 |
| 31 | 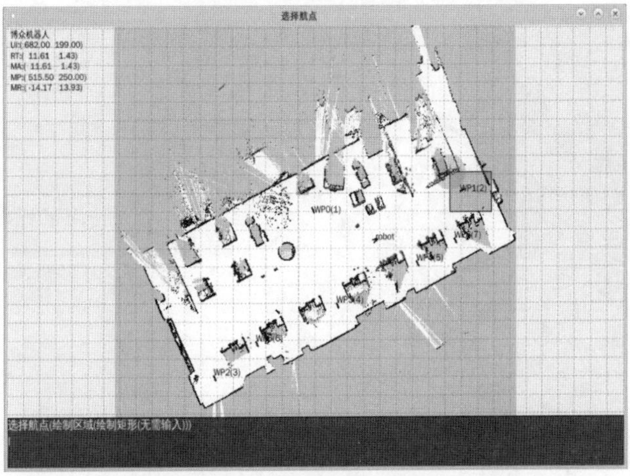 | 　使用鼠标左键框选航点"WP1" |
| 32 | 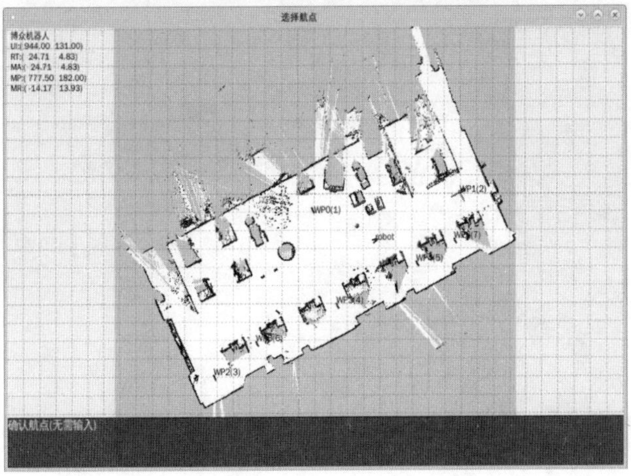 | 　按【Enter】确认 |

续表 9.1

| 序号 | 图片示例 | 操作步骤 |
|---|---|---|
| 33 | | 点击【确定】按钮，程序中添加航点"WP1"。再次点击"WP1"打开地图 |
| 34 | | 使用鼠标左键框选航点"WP2" |
| 35 | | 按【Enter】确认 |

续表 9.1

| 序号 | 图片示例 | 操作步骤 |
|---|---|---|
| 36 | 任务指令<br>任务参数<br>任务类型　Motional<br>任务名　Navi<br><br>参数名　参数类型　参数值<br>$RET_actural_navi_type　int<br>$RET_output_waypoint　waypoint<br>input_waypoint　waypoint　WP2<br>required_navi_type　std::string　0（堵塞式任务）<br>关闭　确定 | 点击【确定】按钮，程序中添加航点"WP2" |
| 37 | 任务指令<br>任务参数<br>任务类型　Motional<br>　　　　　Logical<br>任务名　Navi<br><br>参数名　参数类型　参数值<br>$RET_actural_navi_type　int<br>$RET_output_waypoint　waypoint<br>input_waypoint　waypoint　WP2<br>required_navi_type　std::string　0（堵塞式任务）<br>关闭　确定 | 任务类型重新选择"Logical"逻辑指令 |
| 38 | 任务指令<br>任务参数<br>任务类型　Logical<br>任务名　SubFile<br>　　　　WHILE<br>　　　　End_WHILE<br>　　　　IF<br>　　　　End_IF<br>参数名　参数类型　LOOP<br>　　　　End_LOOP<br>　　　　DECLARE<br>FileName　std::string　ELSE<br>　　　　BREAK<br>关闭　CONTINUE | 在任务名下拉菜单中选择"End_LOOP" |

续表 9.1

| 序号 | 图片示例 | 操作步骤 |
|---|---|---|
| 39 | 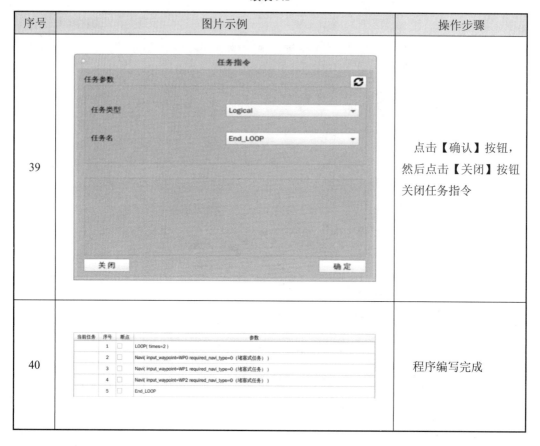 | 点击【确认】按钮，然后点击【关闭】按钮关闭任务指令 |
| 40 | 当前任务 | 序号 | 断点 | 参数 <br> 1 □ LOOP( times=2 ) <br> 2 □ Navi( input_waypoint=WP0 required_navi_type=0（堵塞式任务） ) <br> 3 □ Navi( input_waypoint=WP1 required_navi_type=0（堵塞式任务） ) <br> 4 □ Navi( input_waypoint=WP2 required_navi_type=0（堵塞式任务） ) <br> 5 □ End_LOOP | 程序编写完成 |

### 9.4.4 关联程序设计

关联程序设计主要完成两部分内容。

**1. 调度系统与监控信息交互设计**

当移动机器人在巡逻中发现火灾或者检测到不法分子等情况后的紧急处理程序。

**2. 移动机器人充电程序设计**

移动机器人执行一次任务后，电量会减少。需要根据生产任务设计移动机器人的充电程序。一般设定移动机器人的电量值，当移动机器人电量低于设定值时，移动机器人自主导航到充电区域进行充电。

本项目仅利用 NEXT 智能移动机器人仿真运行路线，因此无须设计关联程序。

### 9.4.5 项目程序调试

项目程序调试主要测试移动机器人是否按照编写的程序运行巡航。项目程序调试的具体步骤见表 9.2。

表 9.2　项目程序调试步骤

| 序号 | 图片示例 | 操作步骤 |
|------|----------|----------|
| 1 | | 点击软件左上角"编辑模式",双击选中程序"test6",点击右下角【装载】按钮 |
| 2 | 提示<br>是否保存所有任务?<br>确定　取消 | 点击【确定】按钮确认保存任务 |
| 3 | | 将左下角程序显示框图拉大,点击【单步】按钮,程序开始执行 |
| 4 | | 继续点击【单步】按钮,程序执行第一步,循环次数减一 |
| 5 | | 继续点击【单步】按钮,程序执行,移动机器人移动到第一个航点"WP0" |

续表 9.2

| 序号 | 图片示例 | 操作步骤 |
|---|---|---|
| 6 |  | 继续点击【单步】按钮，程序继续执行到第三行，移动机器人移动到第二个航点"WP1" |
| 7 |  | 继续点击【单步】按钮，程序继续执行到第四行，移动机器人移动到第三个航点"WP2" |
| 8 |  | 继续点击【单步】按钮，程序继续执行，当循环次数为 0，程序最后一步执行完成，程序停止 |

### 9.4.6　项目总体运行

程序调试完成，进行项目总体运行。本项目无上位机软件，因此使用调试电脑直接运行程序。项目总体运行的具体步骤见表 9.3。

表 9.3　项目总体运行步骤

| 序号 | 图片示例 | 操作步骤 |
|---|---|---|
| 1 |  | 点击软件左上角"编辑模式"，选中程序"test6"，点击右下角【装载】按钮 |

续表 9.3

| 序号 | 图片示例 | 操作步骤 |
|---|---|---|
| 2 | 提示<br>是否保存所有任务?<br>确 定　取 消 | 点击【确定】按钮确认保存任务 |
| 3 | 当前任务　序号　断点　参数　状态<br>1　LOOP( times=2 )<br>2　Navi( input_waypoint=WP0 required_navi_type=0 (堵塞式任务) )<br>3　Navi( input_waypoint=WP1 required_navi_type=0 (堵塞式任务) )<br>4　Navi( input_waypoint=WP2 required_navi_type=0 (堵塞式任务) )<br>5　End_LOOP<br>复位　装载　执行　停止　单步 | 将左下角程序显示框图拉大,点击【执行】按钮,程序开始执行 |
| 4 | 当前任务　序号　断点　参数　状态<br>1　LOOP( times=2 )　remain loop times:1<br>2　Navi( input_waypoint=WP0 required_navi_type=0 (堵塞式…　Navigation successExecuteResponseSuccess<br>3　Navi( input_waypoint=WP1 required_navi_type=0 (堵塞式…<br>4　Navi( input_waypoint=WP2 required_navi_type=0 (堵塞式…<br>5　End_LOOP<br>复位　装载　执行　停止　单步 | 程序继续执行,按【停止】键,程序可立即停止 |
| 5 | 当前任务　序号　断点　参数　状态<br>1　LOOP( times=2 )<br>2　Navi( input_waypoint=WP0 required_navi_type=0 (堵塞式…<br>3　Navi( input_waypoint=WP1 required_navi_type=0 (堵塞式…<br>4　Navi( input_waypoint=WP2 required_navi_type=0 (堵塞式…<br>5　End_LOOP<br>复位　装载　执行　停止　单步 | 程序执行完成自动停止 |

## 9.5 项目验证

### 9.5.1 效果验证

移动机器人完成了地图创建，可以根据程序自主在航点 WP0、WP1 和 WP2 之间循环运行 2 次，遇到障碍物可以实现自主避障，如图 9.11 所示。

（a）机器人在航点 WP0 　　　　　　　　（b）机器人在航点 WP1

（c）机器人在航点 WP2 　　　　　　　　（d）移动机器人避开障碍物

图 9.11　效果验证

### 9.5.2 数据验证

软件地图中移动机器人在实物场景中到达了航点 WP1 和航点 WP2，如图 9.12 所示，与实物场景基本一致。

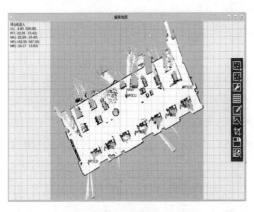
（a）机器人在航点 WP0

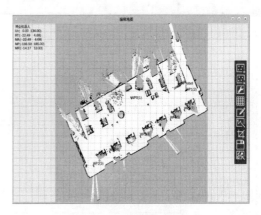
（b）机器人在航点 WP1

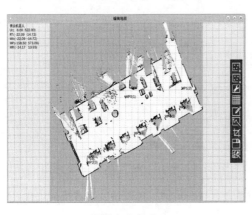
（c）机器人在航点 WP2

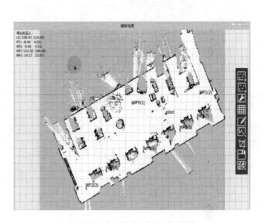
（d）移动机器人避开障碍物

图 9.12　数据验证

## 9.6　项目总结

### 9.6.1　项目评价

完成本项目基本训练后，填写项目评价表（表 9.4），记录项目完成进度。

表 9.4　项目评价表

| 项目评价表 | | 自评 | 互评 | 完成情况说明 |
|---|---|---|---|---|
| 项目分析 | 1. 硬件构架分析 | | | |
| | 2. 软件构架分析 | | | |
| | 3. 项目流程分析 | | | |
| 项目要点 | 1. 系统网络搭建 | | | |
| | 2. 地图创建 | | | |
| | 3. 安防功能 | | | |
| 项目步骤 | 1. 应用系统连接 | | | |
| | 2. 应用系统配置 | | | |
| | 3. 主体程序设计 | | | |
| | 4. 关联程序设计 | | | |
| | 5. 项目程序调试 | | | |
| | 6. 项目运行调试 | | | |
| 项目验证 | 1. 效果验证 | | | |
| | 2. 数据验证 | | | |

### 9.6.2　项目拓展

项目拓展 1：利用移动机器人在商场、展厅等公共场景中创建地图。

项目拓展 2：使用 bzrobot_ui 软件编辑项目拓展 1 创建的地图，设立 3 个航点，完成移动机器人在 3 个航点之间自主导航循环巡查 5 次的任务，运行路线如图 9.13 所示。

循环运行 5 次

航点 1　　　　　　　航点 2　　　　　　　航点 3

图 9.13　运行路线

# 参考文献

[1] 张明文. 工业机器人基础与应用[M]. 北京：机械工业出版社，2018.

[2] 张明文. 工业机器人技术基础及应用[M]. 哈尔滨：哈尔滨工业大学出版社，2017.

[3] 张明文. 工业机器人入门实用教程：FANUC 机器人[M]. 哈尔滨：哈尔滨工业大学出版社，2017.

[4] 张明文. 工业机器人知识要点解析：ABB 机器人[M]. 哈尔滨：哈尔滨工业大学出版社，2017.

# 观看教学视频

## 步骤一

登录"技皆知网"

www.jijiezhi.com

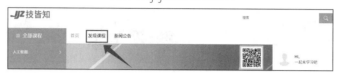

## 步骤二

搜索教程对应课程

智能制造
技术及应用教程

查看课程

# 咨询与反馈

尊敬的读者：

　　感谢您选用我们的教程！

　　本书有丰富的配套教学资源，凡使用本书作为教程的教师可咨询有关实训装备事宜。在使用过程中，如有任何疑问或建议，可通过电子邮箱（market@jijiezhi.com）或扫描右侧二维码，提交咨询信息。

（书籍购买及反馈表）

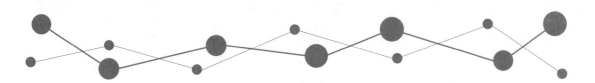